GAOZHI GAOZHUAN
YISHU SHEJILEI
GUIHUA JIAOCAI

高职高专艺术设计类规划教材

室内效果图表现技法

潘景果　主　编
乔　峰　姜　野　王公民　副主编

SHINEI
XIAOGUOTU
BIAOXIAN
JIFA

化学工业出版社
·北　京·

本书是根据现代建筑及装饰行业对人才的需求来编写的一门实用性、技法性教材。本书结构合理，基本理论的讲解采取了由浅入深，由表及里的方式，使读者从入门到提高，最终能熟练应用。为了使学生易于理解，在内容编排上采取了图文并茂的形式，选用的题材广泛、内容丰富，表现技法风格多样，能很好地开阔学生的艺术视野，激发学习热情，提高审美能力。

本书适合高职高专院校装饰艺术设计专业、建筑装饰专业、室内设计专业、装饰装潢等专业师生使用，也可作为本科院校、成人高校艺术设计专业基础教材。

图书在版编目（CIP）数据

室内效果图表现技法/潘景果主编.—北京：化学工业出版社，2010.1
高职高专艺术设计类规划教材
ISBN 978-7-122-07428-7

Ⅰ.室… Ⅱ.潘… Ⅲ.室内设计-建筑制图-技法（美术）-高等学校：技术学院-教材 Ⅳ.TU204

中国版本图书馆CIP数据核字（2009）第237574号

责任编辑：李彦玲　　装帧设计：尹琳琳
责任校对：周梦华

出版发行：化学工业出版社（北京市东城区青年湖南街13号　邮政编码100011）
印　　装：化学工业出版社印刷厂
787mm×1092mm　1/16　印张9¾　字数301千字　2010年2月北京第1版第1次印刷

购书咨询：010-64518888（传真：010-64519686）　售后服务：010-64518899
网　　址：http://www.cip.com.cn
凡购买本书，如有缺损质量问题，本社销售中心负责调换。

定　　价：35.00元

前言

本书是根据现代商业展示、文化展示、建筑空间展示以及室内外装饰行业对人才的需求来编写的一门实用技法性教材。本书结构合理，基本理论的讲解采取了由浅入深、由表及里的方式，使读者从入门到提高，最终能熟练应用。

本书主要涵盖有表现技法概述、室内设计表现技法基础、室内设计常用的表现技法、室内效果图快速表现技巧与步骤、室内效果图综合表现技法、室内效果图电脑表现技法等六大部分内容，理论和表现技法翔实，读者能够快速地理解掌握。

在编写的过程中，我们深感该领域的宽广精深以及我们学识的有限，加之时间紧迫等因素，常有力不从心之感，但转念想想读者对该方面知识的渴求，想想诸多同仁的鼓励，我们还是鼓起了勇气，克服了一个个困难，经过共同努力最终完成了本书。

本书由潘景果担任主编，乔峰、姜野、王公民担任副主编，参加编写的还有姚玉娟、何昭等。

本书的出版得到了化学工业出版社的全力支持与帮助，也凝结了许多同仁的辛勤劳动和智慧。本书借鉴了同行们在本领域的探索和研究成果，并参考了相关著作文献，本书也参考了百度图库、绘100等设计网站的部分共享资料，并且得到了辽宁经济职业技术学院环境艺术系高光副教授、鲁迅美术学院环境艺术系李江老师、郑州三实装饰设计公司、辽宁经济职业技术学院环境艺术系蒋超同学等的帮助，他们为本书的顺利编写提供了资料。在此一并表示诚挚的谢意。

本书内容涉及面广，知识量大，加上编写时间紧迫，书中难免会有不足和疏漏，希望专家学者和广大读者给予批评指正并提出宝贵意见，以便再版时修改和完善。

编　者

2010年1月

目 录

第一章　室内设计表现技法概述

001　第一节　室内设计表现图的概念
001　一、表现图的草图阶段
002　二、表现图的定稿阶段
002　第二节　室内设计表现图应遵循的原则和学习方法
002　一、室内设计表现图应遵循的原则
003　二、室内设计表现图的学习方法
004　第三节　室内设计表现图的种类和构成要素
004　一、室内设计表现图的表现种类
004　二、室内设计表现图的构成要素
005　第四节　室内设计表现图的绘制程序
006　本章练习题

第二章　室内设计表现技法基础

007　第一节　室内设计表现技法中常用的工具与材料
007　一、常用表现工具介绍
009　二、常用表现材料介绍
009　第二节　室内设计表现技法的基础训练
009　一、图板裱纸的方法
010　二、界尺工具的使用方法
011　三、线条的练习
012　四、速写的练习
013　第三节　室内设计表现的色彩原理
014　一、色彩的基本原理
016　二、色彩对人的生理和心理影响
018　三、室内设计的色彩应用与搭配
019　第四节　室内设计表现的透视原理
019　一、透视的基本原理与概念
019　二、室内透视图的分类及特征
022　三、室内透视制图
026　第五节　室内设计表现的构图技法
026　一、构图的基本概念
026　二、构图的基本原则
026　三、室内设计效果图的构图特征与应用
027　第六节　室内设计表现的光影与质感
027　一、室内设计表现技法中的光影处理
028　二、不同质感效果的表现技法
033　本章练习题

第三章　室内设计常用的表现技法

035　第一节　室内效果图基础技法训练
035　一、铅笔表现技法
037　二、钢笔表现技法
038　三、线描效果图的表现方法及步骤
042　第二节　室内效果图水粉表现技法
042　一、水粉效果图的特点及使用工具简述
042　二、水粉效果图表现技法及步骤
047　第三节　马克笔表现技法
047　一、马克笔的特性及综述
048　二、马克笔效果图的方法及步骤
054　第四节　其他效果图表现技法简介
054　一、水彩效果图的方法
056　二、透明水彩效果图表现技法
059　三、喷绘效果图表现技法
061　四、彩色铅笔效果图表现技法
064　五、手绘综合表现技法

第四章　室内效果图快速表现技巧与步骤

070　一、效果图快速表现简述
070　二、效果图快速表现要领
073　三、效果图快速表现的方法及步骤
075　本章练习题

第五章　室内效果图综合表现技法

076　一、马克笔与彩色铅笔的效果图表现形式
079　二、马克笔与水彩的效果图表现形式
081　三、水粉、水彩、喷绘的综合表现技法
084　本章练习题

第六章　室内效果图电脑表现技法

085　第一节　电脑效果图概述
086　一、电脑效果图的定义
086　二、电脑效果图的作图步骤
087　三、CAD软件介绍
094　第二节。二维编辑命令
094　一、目标的选取方法和快速选择
096　二、图形的删除和恢复删除
096　三、图形的镜像命令
096　四、图形的偏移命令（OFFSET）
097　五、图形的阵列命令（ARRAY）
098　六、图形的移动命令（MOV3）
098　七、图形的旋转命令（ROTATE）
098　第三节　图形的修改命令
098　一、比例缩放命令（SCALE）
098　二、拉伸命令（STRETCH）
099　三、拉长命令（LENGTHEN）
099　四、修剪命令（TRIM）
100　五、延伸命令（EXTEND）
100　六、打断命令（BREAK）
100　七、分解命令（EXPLODE）
100　第四节　图形的倒角命令及案例分析
100　一、倒角命令（CHAMFER）

101 二、图形的圆角命令（FILLET）
102 三、案例分析
105 第五节 图形的尺寸标注
106 一、尺寸标注简介
106 二、尺寸标注式样
110 三、尺寸标注命令
111 第六节 图形的输入与输出功能
111 一、打印式样的设置
112 二、图形输出与页面设置
113 三、在模型空间输出图形
114 四、在布局空间输出图形
114 第七节 三维软件介绍及效果图制作
114 一、三维软件的介绍
115 二、三维软件的发展
115 三、三维软件的种类
116 四、制作三维效果图得力工具——3DMAX
118 第八节 三维效果图实例解析
126 第九节 室内效果图的渲染利器——Lightscape
126 一、逼真细腻的渲染效果
127 二、友好简易的功能
127 三、不同凡响的渲染速度
128 四、使用Lightscape前的准备工作
131 五、案例分析
138 六、电脑效果图的后期处理
139 本章练习题
第七章 作品欣赏
150 参考文献

第一章　室内设计表现技法概述

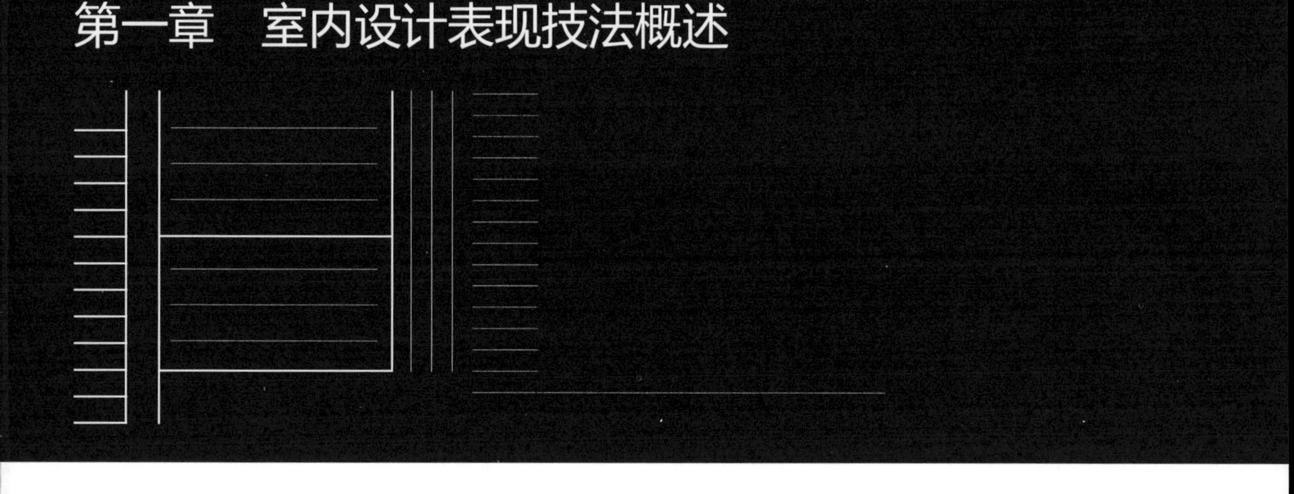

本章知识要点：本章通过对基本概念的学习，认识室内效果图表现应遵循的原则和学习方法，熟悉表现的种类、表现图的构成要素以及表现图绘制的程序。

第一节　室内设计表现图的概念

室内设计表现是室内设计内容、形式的表现过程及应用手段的总称。室内设计表现技法是指可以通过图像或图形来表现室内设计思想和设计概念的视觉传递艺术。一切可以进行视觉传递的图形学技术（正投影制图、透视效果图、模型、电脑三维设计、摄影、电影、录像等）都成为室内设计师选择的对象。正投影制图专业性强，表现最为确切，但是未经专业训练的人很难看懂；模型的空间表现能力最为直接，但制作起来非常麻烦；摄影、电影和录像虽然能够完整无误地反映现实，但却不能直接展示设计师头脑中尚未成型的构思。比较起来，室内设计表现图具有空间表现力强，艺术直观性好，绘制相对容易快速等优点，因而是室内设计表现的主角。

室内设计表现图（也常被称为室内设计效果图）是室内设计整体环节中的一个重要组成部分，它能形象直观地表现室内空间，营造室内气氛，具有极高的观赏性和艺术感染力。它通过一定的绘画工具和手段直观形象地表达设计师的构思意图和设计对象的最终效果。室内设计表现图一般包含以下两个阶段。

一、表现图的草图阶段

设计师在设计过程中的各个阶段都可能画出一些所需的表现草图，这些草图不仅有平、立面的布置与设计，同时也常常利用具有透视效果的空间界面草图进行立体的构思和造型，这种直观的形象构思是设计师对方案进行自我推敲的一种语言，也是设计师之间相互交流探讨的一种语言，它有利于空间造型的把握和整体设计的进一步深化。它的表现手段讲求精炼、简略、快速、生动，表现工具常用钢笔、铅笔、马克笔，表现风格强调个性化。

二、表现图的定稿阶段

定稿阶段要求画面表现的空间、造型、色彩、尺度、质感都应准确、精细，并且有艺术感染力，使之信服、感动，为此多采用表现力充分、便于深入刻划的绘图工具和手段，比如水彩、水粉、喷笔以及多种技法的混合使用，表现风格则更多地强调社会审美的共性。

第二节　室内设计表现图应遵循的原则和学习方法

一、室内设计表现图应遵循的原则

与其他门类的设计表现图相比，室内表现图所包含的内容更加广泛。除了最基本的内部空间构造与气氛烘托外，还涉及器物、植物、人物的画法。由于室内的尺度与人体更为接近，所以要求从空间界面、光影、直到质感的表现都要达到相当的深度。因此，要想画好一张室内表现图，除了掌握透视图的基本方法外，还需要具有一定的美术绘画基础。作为与专业设计紧密结合的一门绘画技法，室内设计表现图应遵循以下三个基本的原则：真实性、科学性和艺术性。

1. 真实性原则

就是表现的效果必须是符合设计环境的客观真实。如室内空间体量的比例、尺度等，在立体造型、材料质感、灯光色彩、绿化及人物点缀诸方面也都必须符合设计师所设计的效果和氛围。

真实性是效果图的生命线，绝不能脱离实际的尺寸而随心所欲的改变空间的限定，或者完全脱离客观的设计内容而主观片面的追求画面的某种“艺术趣味”；或者错误地理解设计意图，表现出的气氛效果与原设计相去甚远。委托画师作画而使设计师深感遗憾的事时有发生，这就要求无论设计师本人或接受委托的画师都必须有一个共识：真实性始终是第一位的。

表现图与其他类型的图纸相比更具有说明性，而这种说明性就寓于其真实性之中。业主大多是从表现图上领略设计构思和装修完成后的效果。

2. 科学性原则

为了保证效果图的真实性，避免绘制过程中出现的随意或曲解，必须按照科学的态度对待画面表现上的每一个环节。无论是起稿、作图或是对光影、色彩的处理，都必须遵从透视学和色彩学的基本规律和规范。这种近乎程式化的理性处理过程往往是先苦后甜；草率从事的结果却是欲速则不达。当然，也不能把严谨的科学态度看作一成不变的教条，当我们熟练的驾驭了这些科学的规律与法则之后就会完成从必然王国到自由王国的过渡，就能灵活地而不是死板地、创造性地而不是随意地完成设计最佳效果的表现。

科学性既是一种态度也是一种方法。透视与阴影的概念是科学；光与色的变化规律也是科学；空间形态比例的判定、构图的均衡、水分干湿程度的把握、绘图材料与工具的选择和使用等也都无不含有科学性。

建筑表现绘画中十分强调的稳定性也属于科学性的范畴。室内表现图中经常出现的界面或梁柱歪斜、家具陈设搁放不平，前后空间矛盾等毛病也大都因没有严格按照透视规律作图或缺少对空间形象的统一规划而引起。因此，我们在室内表现作图的训练过程中一定要严格遵守科学的表现原则。

3. 艺术性原则

表现图既是一种科学性较强的工程施工图，也是一件具有较高艺术品位的绘画艺术作品。一些业主还把表现图当作室内陈设悬挂于墙或陈列于案，这都充分地显示了一幅精彩的表现图所具有的艺术魅力。当然，这种艺术魅力必须建立在真实性和科学性的基础之上，同时也必须建立在造型艺术基本功训练的基础之上。

绘画方面的素描、色彩训练，构图知识，质感、光感的表现，空间气氛的营造，点、线、面构成规律的运用，视觉图形的感受等方法与技巧必然大大地增强表现图的艺术感染力。在真实的前提下合理的适度夸张、概括与取舍也是必要的。简单罗列所有的细节和不分主次的面面俱到只能让人觉得繁杂和平淡。选择最佳的表现角度、最佳的光色配置、最佳的环境气氛，本身就是一种在真实基础上的艺术创作，也是设计自身的进一步深化。

一幅表现图艺术性的强弱，取决于画者本人的艺术素养与气质。不同手法、技巧与风格的表现图，充分展示作者的个性，每个画者都以自己的灵性、感受去认读所有的设计图纸，然后用自己的艺术语言去阐释、表现设计的效果，这就使一般性、程式化并有所制约的设计施工图赋予了感人的艺术魅力，才使效果表现图变得那么五彩纷呈、美不胜收。

正确认识理解三者间的关系，在不同情况下有所侧重地发挥它们的效能，对学习、绘制设计表现图都起着至关重要的作用。

二、室内设计表现图的学习方法

室内设计表现图不是绘画艺术，它是表现对象物即室内设计空间的一种理想状态，它有一套可以依靠的表现规律和程式画法。因此，掌握了这些规律和程式，就基本可以满足设计表现的需要。但想要学好表现图，只做到这点还远远不够，还要求设计者不断提高自身的审美感受和能力，以自己的艺术感受去表现独特的艺术语言，使设计表现图充满艺术的魅力。

首先，学习室内设计表现图需要端正学习态度，养成良好的习惯，明确自己的学习动机和目标，让自己保持一种愉悦、积极、稳定的良好学习情绪。要求学习者既要有严谨、细致的态度，切实学会透视制图法则和不同类型的表现技法，同时也要尽力培养自己对绘画艺术的兴趣，以最大的热忱投入其中。其次，注重在交流学习中提高自己的表现技巧、方法和能力，多和他人学习讨论，积极主动、虚心求学，争取更多地动脑、动口、动手，促成良好学习氛围的形成；最后，要不断提升自身的艺术感觉和修养。同时起步学画，一两年后两人的成果不大相同。这里除去学习的方法，勤奋的程度，接受能力的强弱之外，艺术感觉和修养是很重要的一个方面。一个人艺术修养的高低，与他从小所处的环境，所受的教育关系极大。对于学习绘制室内表现图的人来讲，无论自己原有的艺术修养如何，都要有意识地加强这方面所受的熏陶，从文学、诗歌、音乐、美术、戏剧和建筑等方面吸取营养。

第三节　室内设计表现图的种类和构成要素

一、室内设计表现图的表现种类

一个室内设计师必须在掌握了多种表现技法的前提下，才能针对不同的设计要求、不同的气氛、不同性质的空间环境，采用不同的表现方法，做出最佳的选择。实际表现图的制作过程中往往也是由两种或多种手法综合表现的。室内设计表现图常用的技法有如下几种：

① 线描类表现技法；
② 线描加渲染表现技法；
③ 水彩渲染表现技法；
④ 水粉表现技法；
⑤ 马克笔表现技法；
⑥ 喷绘表现技法；
⑦ 电脑表现技法。

室内设计表现图根据绘画颜料以及绘制工具的不同，其表现种类也可分为以下几种：

① 铅笔表现（包括彩色铅笔、炭精条等）；
② 钢笔表现（包括针管笔、鸭嘴笔等）；
③ 马克笔表现；
④ 水彩表现（包括透明水色）；
⑤ 水粉表现；
⑥ 色粉笔表现；
⑦ 喷笔表现；
⑧ 电脑绘图表现。

在实际应用中，我们不仅可以单独使用上述这些技法，常常还可能结合一些其他技法综合使用，以增强画面的表现力，提高效率。

二、室内设计表现图的构成要素

室内表现图的目的限定了它的表现形式和表现方法。尽管我们对室内表现图提出了很高的美学标准，要求它具有一定的欣赏价值，然而这种美感的传达必须是建立在室内设计的技术要求的基础之上的。室内设计首先是一项工程技术。特定的室内空间的设计受到功能、材料和构造形式的制约。因此一幅室内表现图的创作过程就是在这样的限定条件下进行的。然而，“艺术地再现真实”却是室内设计表现图较高的境界。在表现图的创作起稿开始，就必须充分了解和把握设计的重点和各种细节，包括从设计风格上的特点到构造上的细小节点。从更高的要求来看，对于不同的设计，还应采用不同的表现形式，这里就包含着采用适合设计内容和设计风格的表现形式；使用合适的工具和材料；艺术化地处理各种设计的细节，创造出与设计对象吻合的环境气氛等要求。构成室内设计表现图的基本内容和要素如下。

1. 良好的立意构思

画者无论采用何种技法和手段，无论运用哪种绘画形式，画面所塑造的空间、形态、色彩、光影和气氛效果都是围绕设计的立意与构思所进行的。无论是设计师本人的徒手草图或是请画师代笔的表现图都是或多或少的为体现这个根本目的所展开的。

在绘图的过程中，往往容易对形体透视的艺术和色彩的变化津津乐道，而忽略设计原本的立意和构思，这种缺少灵魂的表现图犹如橱窗里的时装模特儿，平淡，冷漠，既不能通过画面传达设计师的感情，也不能激发观者的情绪，因而在参与投标的表现图展评中，尽管一些设计表现图的形式具有美感，终因内在力量单薄，缺少动人的情趣或词不达意而被淘汰。

正确地把握设计的立意与构思，在画面上尽可能的表达出设计的目的、效果，创造出符合设计本意的最佳情趣，是学习表现图技法的首要着眼点。为此，必须把提高自身的文化艺术修养，培养创造性思维的能力和深刻的理解能力作为重要的培训目的贯穿教学的始终。

2. 准确的透视关系

设计构思是通过画面艺术形象来体现的。而形象在画面上的位置、大小、比例、方向的表现是建立在科学的透视规律基础上的。违背透视规律的形体则与人的视觉感受格格不入，画面就会失真，也就失去了美感的基础。因而，必须掌握透视规律，并应用其法则处理好各种形象，使画面的形体结构准确、真实、严谨、稳定。

除了对透视法则的熟知与运用之外，还要学会用结构分析的方法来对待每个形体内在构成关系和各个形体之间的空间联系，这种联系也是构成画面骨骼的纽带。学习结构分析的方法主要依赖于结构素描（也称设计素描）的训练，特别要多以正方形体做感觉性的速写练习，以便更加准确、快速地组合起这幅骨骼。

3. 恰当的明暗色彩

在透视关系准确的骨骼上赋予恰当的明暗与色彩，可完整的体现一个具有灵魂和有血有肉的空间形体。人们就是从这些外表肌肤的光色中感受到形的存在，感觉到生命的灵气。一位画师必须在光与色的处理上施展所有的技能和手段，以极大的热情去塑造理想中的形态。作为训练的课题，要注重“色彩构成”基础知识的学习和掌握；注重色彩感觉与心理感受之间的关系；注重各种上色技巧以及绘图材料、工具和笔法的运用。

以上三个方面就是构成表现图的基本内容和要素，如果说第一项是“务虚”，而后两者则是“务实”。用内在的“虚”做指导，着力表现出外在的“实”，然后在以其实实在在的形体、光色去反映表达内在的精神和情感，赋予室内设计表现图以生命。

第四节　室内设计表现图的绘制程序

绘制室内设计表现图要有一个过程，正确掌握绘制程序对表现图技法的提高有很大的帮助。一般来说，在绘制表现图之前，设计方面的问题已经基本上完成，包括平面的布置、空间的组织与划分、造型、色彩、材料等，因此在绘制表现图时应该做到胸有成竹、有的放矢。但不等于说设计方面的问题已完全解决，如有不尽人意的地方，可以及时修改。所以说绘制室内设计表现图的过程也是设计再深入完成的过程。当然根据每个人的绘画习惯和绘制特点，在绘制过程中还会有一定的差异。

① 整理好绘画环境。环境的清洁整齐有助于绘画情绪的培养，各种绘图工具应齐备，

并放置在适合的位置，使其操作自如并得心应手。

② 充分进行室内平面图、立面图的设计思考和研究，了解委托者的要求和愿望。对经济要素的考虑与材料的选择，一般来说在绘制前考虑并解决。

③ 根据表达内容的不同，选择不同的透视方法和角度。如一点平行透视或两点成角透视，一般应选取最能表现设计者意图的方法和角度。

④ 为了保证表现图的清洁，在绘制前要拷贝底稿，准确地画出所有物体的轮廓线。根据表现技法的不同，可选择不同的描图笔，如铅笔、钢笔等。

⑤ 根据使用空间的功能，选择最佳的绘画技法，或按照委托图纸的交稿时间，决定采用快速还是精细的表现技法。

⑥ 按照先整体后局部的顺序作画。要做到：整体用色准确、落笔大胆、以放为主、局部小心细致、行笔稳健、以收为主。绘制表现图的过程也是设计再深入再完善的过程。

⑦ 对照透视图底稿校正。尤其是水粉画法在作画时易破坏轮廓线，需在完成前予以校正。

⑧ 依据室内设计表现图的绘画风格与色彩选定装裱的手法。

本章练习题

1. 常见的表现技法有哪几类？
2. 如何理解室内设计表现图的构成要素及其相互关系？

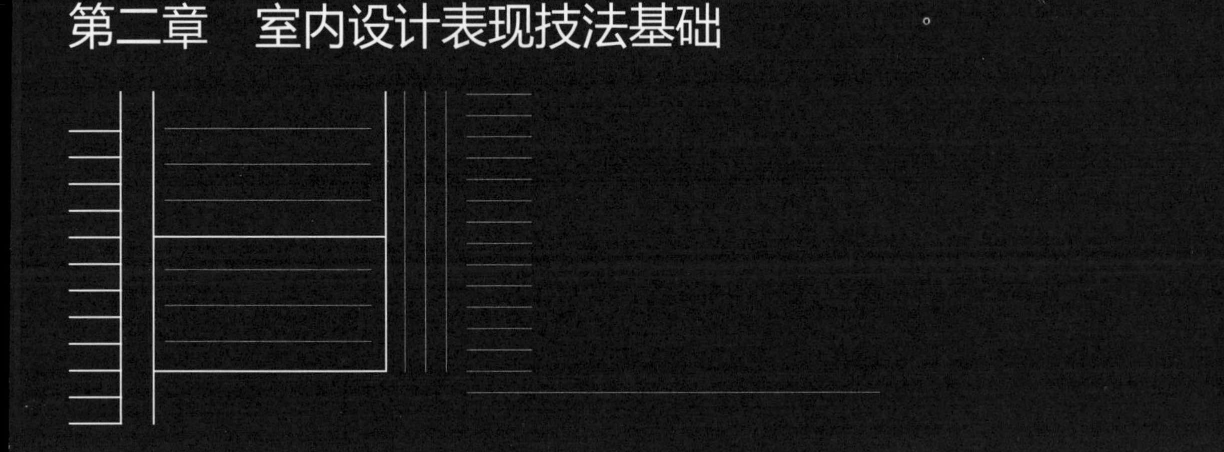

第二章　室内设计表现技法基础

本章知识要点：本章首先介绍了室内效果图表现的常用工具和材料，以及线条的练习等基础训练，应充分认识其各自的特点和不同的处理手法。其次通过介绍室内效果图表现的色彩原理、透视原理、构图技法和光影与质感四个基本方面，熟悉表现图绘制的色彩处理、透视画法，了解合理构图的原则和技巧，掌握各种材料的表现方法及其在室内效果图表现中的运用。

第一节　室内设计表现技法中常用的工具与材料

“工欲善其事，必先利其器”。各种表现技法由于使用工具、材料的不同而呈现出各自不同的特点，选择一套适用的工具及材料会使我们的表现图绘制工作更加得心应手。

一、常用表现工具介绍

室内设计表现图所使用的工具种类繁多，不同工具有不同的性能及使用方法，为求清晰明了，可以把它们分为三类。

1. 绘图笔

绘制表现图时，笔的运用最为普遍，依其性质可分为以下几种。如图2-1所示。

软硬铅笔、彩色铅笔（包括普通彩色铅笔和水溶性彩色铅笔）、炭精条；

钢笔、针管笔、签字笔、圆珠笔、鸭嘴笔；

色粉笔、溶水性蜡笔、油蜡笔、粉彩蜡笔、油画棒；

马克笔、水性彩色笔、油性彩色笔、荧光笔；

各种板刷、水彩笔、水粉笔、毛笔、油画笔；

喷笔

图2-1 常用表现工具——绘图笔

2. 绘图仪器

绘图用的仪器，要求正确、精密、误差小。包括直尺、丁字尺、曲线板、各类模板、比例尺、三角板、界尺（槽尺）、圆规等，如图2-2所示。

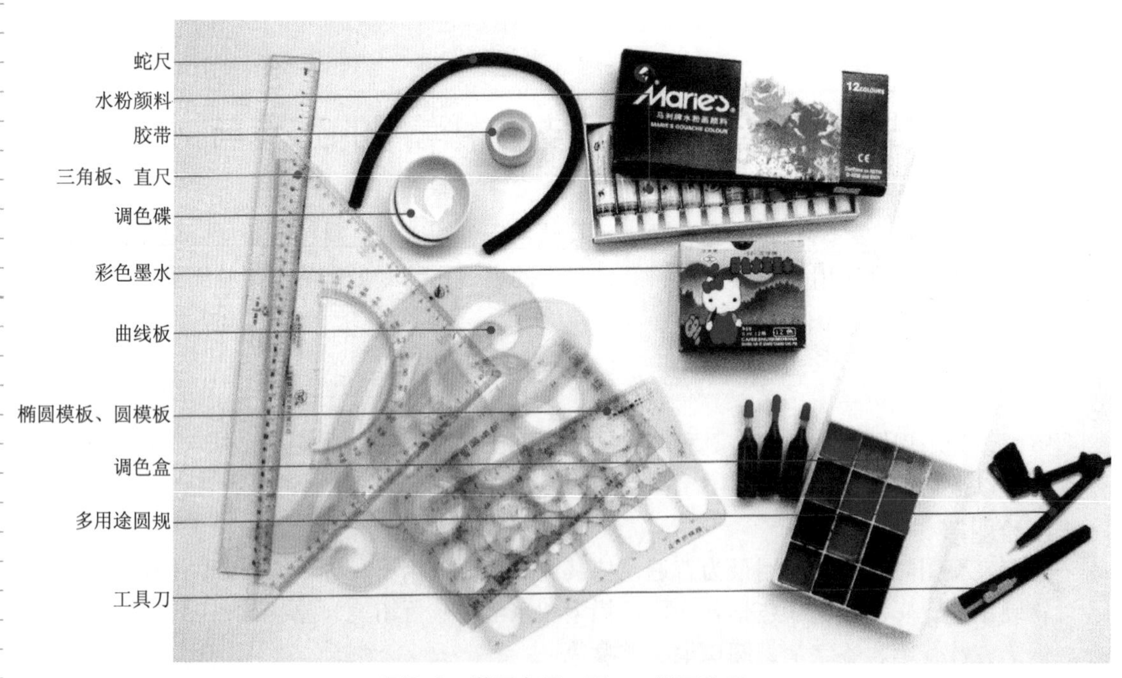

图2-2 常用表现工具——绘图仪器

3. 其他工具

调色用具（调色盘、笔洗等）、涂改液、定型液、橡皮擦、美工刀、胶水、遮盖胶带等。

二、常用表现材料介绍

设计材料日新月异，设计表现图的绘制者要多关注材料的信息，适时恰当地选择材料，并运用到设计当中去，可取得事半功倍的效果。室内设计表现图常用材料可分为以下几类。

1. 纸

纸的选择应随作图的形式来确定，常用到的纸张类型有：

① 素描纸：纸质较好，表面略粗，耐擦，宜做较深入的素描练习和彩色铅笔表现图。

② 绘图纸：纸质较厚，表面较光，结实耐擦。可适宜水粉，用于钢笔淡彩及马克笔、彩色铅笔、喷笔作画。

③ 水彩纸：正面纹理较粗、蓄水能力强，用途广泛。宜作精致描绘的表现图。

④ 水粉纸：较水彩纸薄，纸面较粗，吸色稳定，不宜多擦。

⑤ 铜版纸：白亮光滑，吸水性差，适宜钢笔、针管笔和马克笔作画。

⑥ 马克笔纸：多为进口，纸质厚实光挺。

⑦ 色纸：色彩丰富，品种齐全，多数为中性低纯度颜色，可根据画面内容选择适合的颜色基调。

⑧ 描图纸：半透明，常作拷贝、晒图用，宜用针管笔和马克笔，遇水收缩起皱。

2. 颜料

① 水彩颜料：一般为铅锌或塑料管装，便于携带，色彩艳丽，具有透明性，以水调和，其色度与纯度和水的加入量有关。

② 水粉颜料：使用普遍，颜色中大多含粉质，故厚画时有覆盖性，薄画时则显半透明，颜色干湿其深浅有所变化。

③ 丙烯颜料：有专用调和乳剂，薄画时有水彩味，厚画时类似水粉，颜色干湿变化不大，不宜翻色。

④ 喷画笔颜料：专用颜料为进口货，价格高，可用一般水彩水粉颜料替代。量大时在调色碟内沉淀后再用，可减少阻塞。

⑤ 透明水色颜料：色彩鲜艳、透明清爽、湿润性好。色彩的纯度和明度可以通过水粉多少来控制。

第二节　室内设计表现技法的基础训练

一、图板裱纸的方法

凡是采用水质颜料作画的技法，都必须将图纸贴在图板上方绘制，否则纸张遇湿膨胀，纸面凹凸不平，绘制和画面的最后效果都要受到影响。

1. 反面刷水快速裱纸法

水彩、水粉纸和绘图纸因纸质较硬、较厚不太容易裱到板上，在使用之前，先在纸的背面四周边缘刷1cm宽的乳胶，然后用湿毛巾或大号板刷在纸中间刷水，水不宜太多，根据纸的吸水量而定，使纸张均匀湿润，充分膨胀。再将纸翻过来，用手把四边压平，用吹风机吹干，吹时应先吹四周，停几分钟后再吹中间，注意吹风机的风向最好朝纸张的边缘吹，这样可以防止内部先干而把边缘拉开。如图2-3所示。

沿纸背面四周刷1cm左右的浆糊

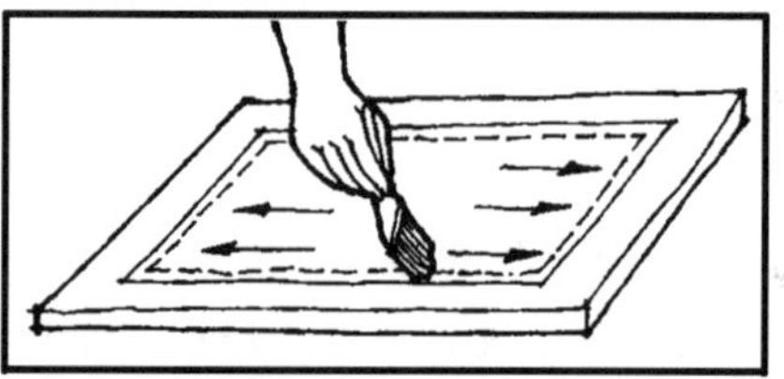

用湿毛巾或板刷在纸背面刷水（不宜过多，应视纸的吸水量而定）

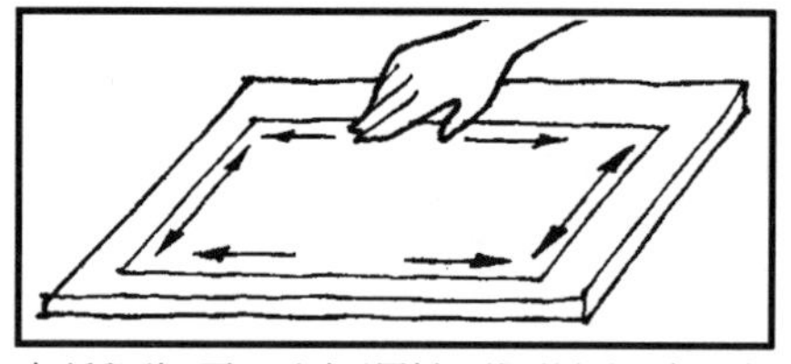

把纸翻到正面，平贴于图板，然后用手压实四边

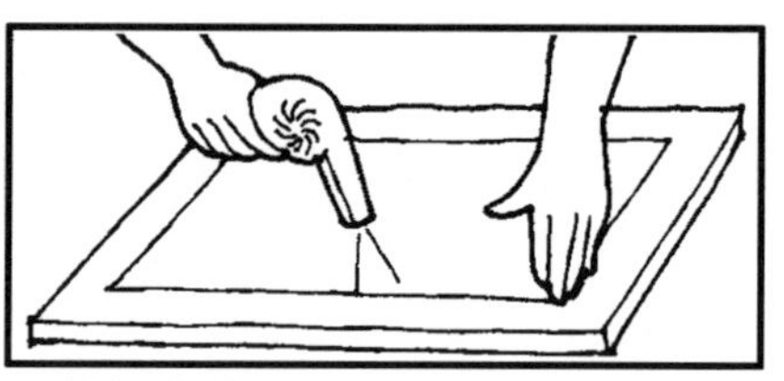

用吹风机吹干纸面，先吹四边，后吹中间

图2-3　反面刷水快速裱纸法

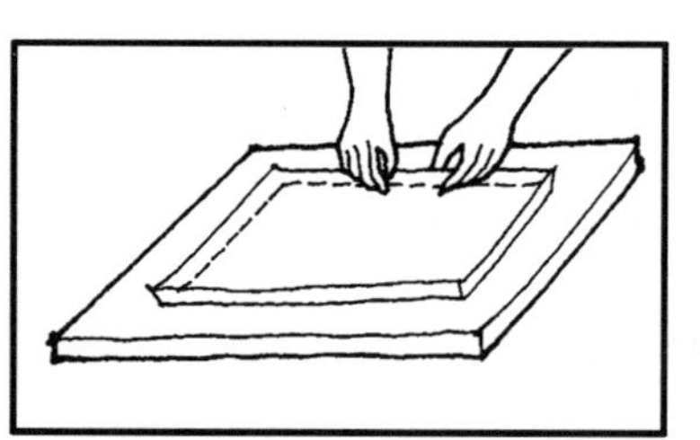

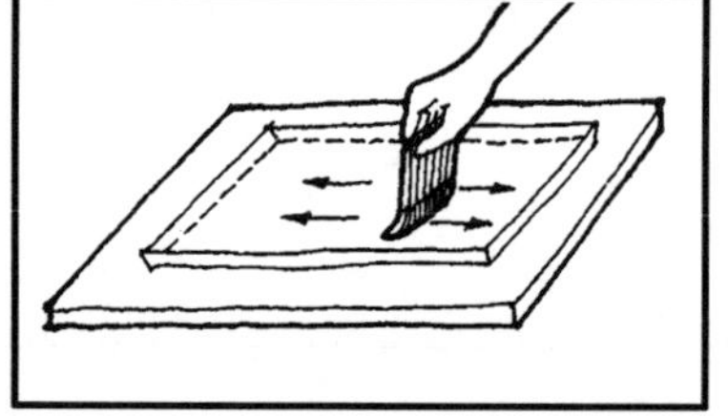

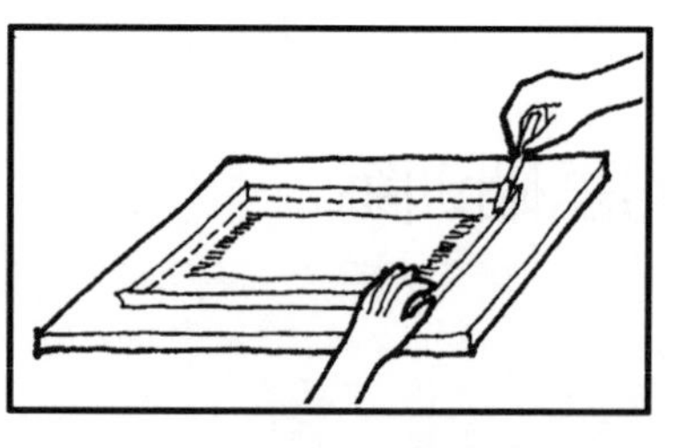

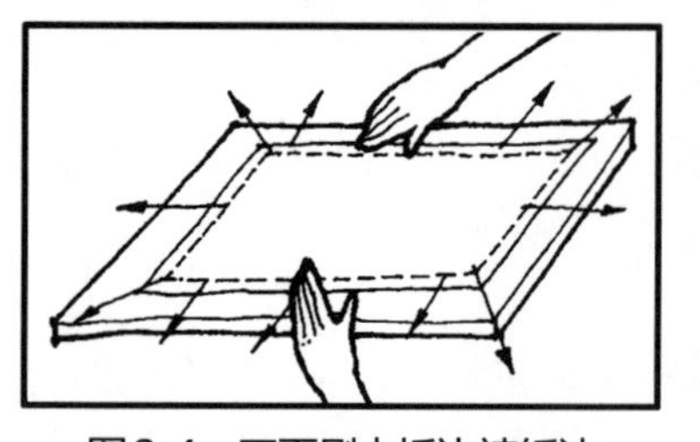

图2-4　正面刷水折边裱纸法

2. 正面刷水折边裱纸法

纸的正面朝上置于画板上，沿四边向上折2cm宽。用大号板刷或排笔刷清水，均匀涂抹于折边内图纸正面，刷水时用力要轻柔以免起毛。在图面上平敷湿毛巾以保持湿润，同时均匀的在折边四周抹上浆糊或乳胶，按图示方向拉伸固定图纸，注意用力不可过猛，要注意校正图纸与图板的相对位置。如图2-4所示。

3. 胶面纸带裱纸法

对于较厚的纸不能用以上两种方法，要用纸条来粘贴。先把纸张两面刷湿放在板上，纸面不要过分拉平以防止崩裂纸张。用胶带纸或涂胶的纸带将四边固定，用吹风机先吹干四边，再吹中间。如图2-5所示。

二、界尺工具的使用方法

界尺是绘制表现图尤其是水粉画技法中不可缺少的工具。一般需自己制作，将两把有机玻璃尺错开约1cm，再用乳胶黏合在一起即可使用。也可用木条代替，在其上开出0.5cm左右的弧形凹槽（见图2-6）。使用时手握两支笔，一支画线的毛笔，笔头朝下，另一支笔笔头朝上，端部抵在界尺槽上。左手按尺，右手拇指、食指、中指控制画笔，距尺约0.6～1cm处落笔与纸面，通过运笔的力度和速度可以画出非常有变化的线条来。注意，画线前应先用笔虚画一下，以求画出的线与实际设想的线位置吻合见。

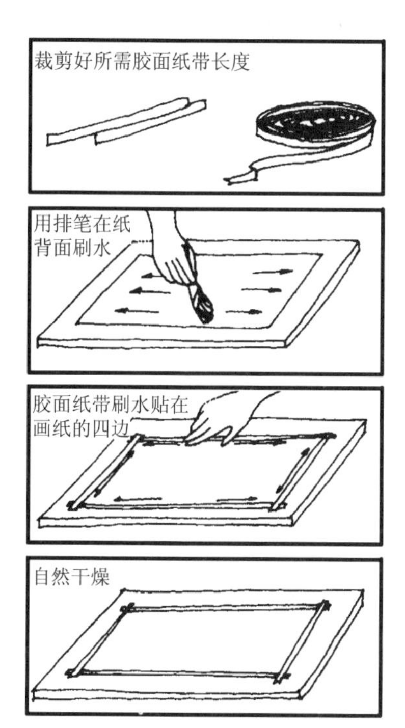

图2-5　胶面纸带裱纸法

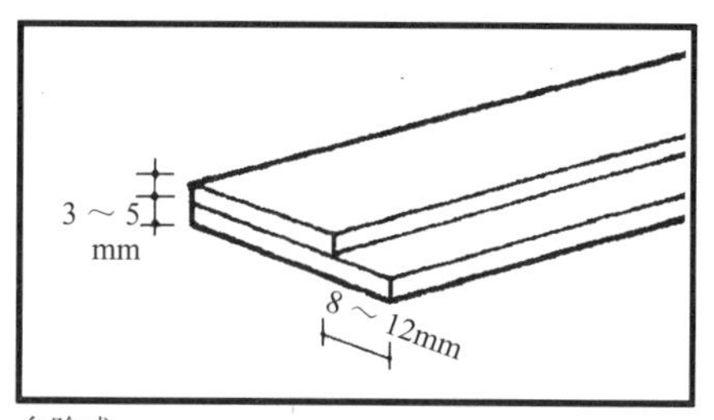

台阶式：
把两把尺或两根边缘挺直的木条或有机玻璃条错开边缘粘在一起即可

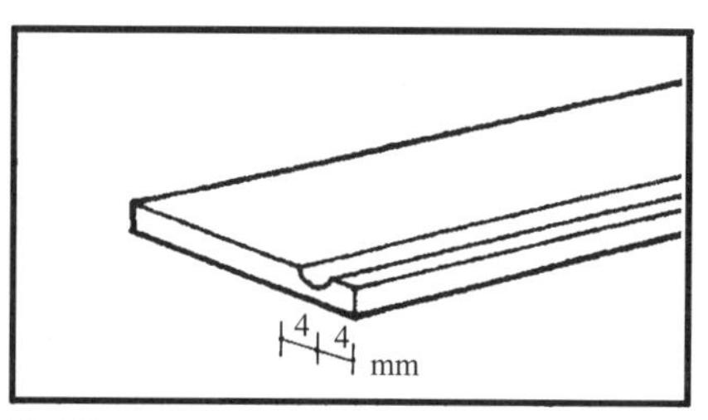

凹槽式：
在有机玻璃或木条上开出宽约4mm的弧形凹槽

图2-6　界尺

三、线条的练习

线条绘制是拷贝透视线图必须掌握的技法，尤其在透视线图中陈设、人物、绿化等配景的线条刻画，更能体现出绘画者的线条绘制技能。平时要加强速写训练，对象多以建筑为首选，然后再画室内及陈设物，就会容易得多，并为绘制快速的室内表现图打下坚实的基础。

线条绘制多以表现结构为主，以线的表现为手段，表现形体、透视空间的变化。线条的练习应从以下四个方面入手。

① 粗细线型的结合（见图2-7）；

② 线条的叠加（见图2-8）；

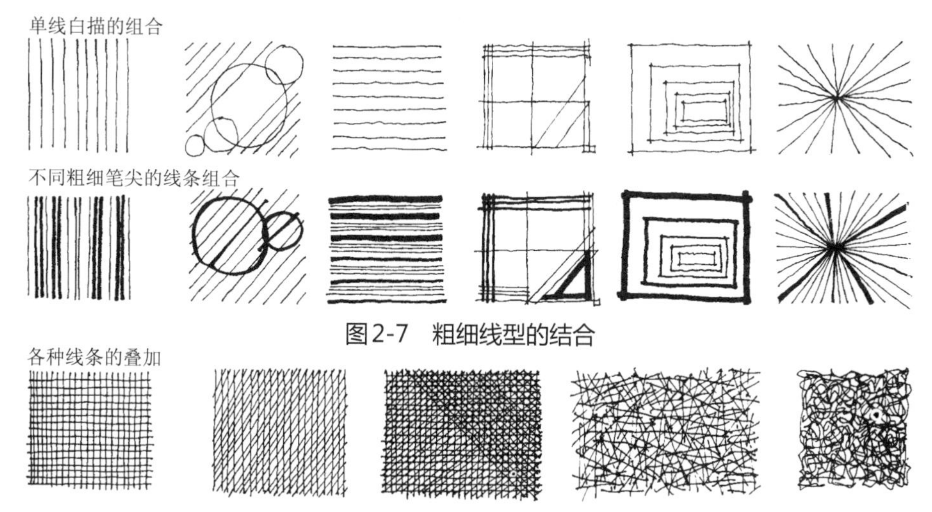

图2-7　粗细线型的结合

图2-8　线条的叠加

③ 线条的疏密变化（见图2-9）；

④ 线条的质感表现（见图2-10）。

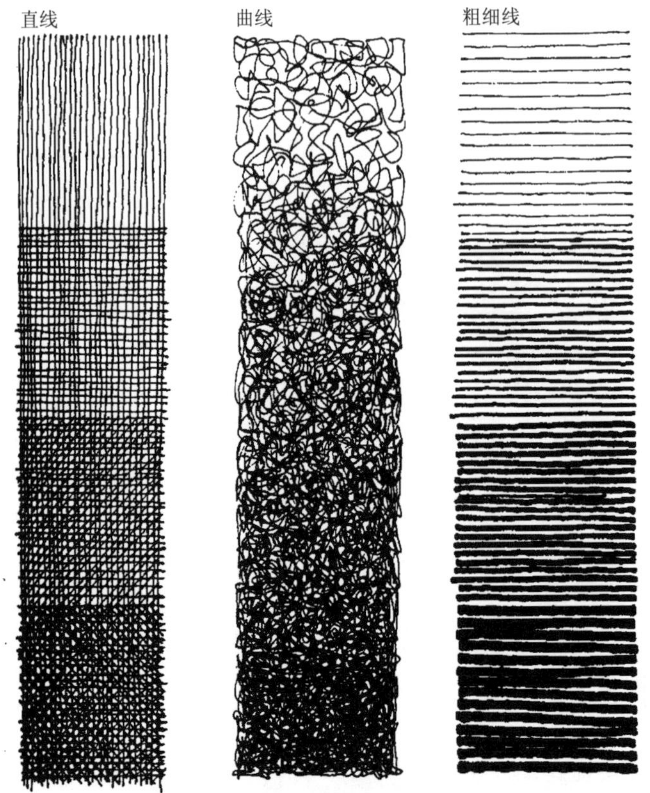

图2-9　线条的疏密变化

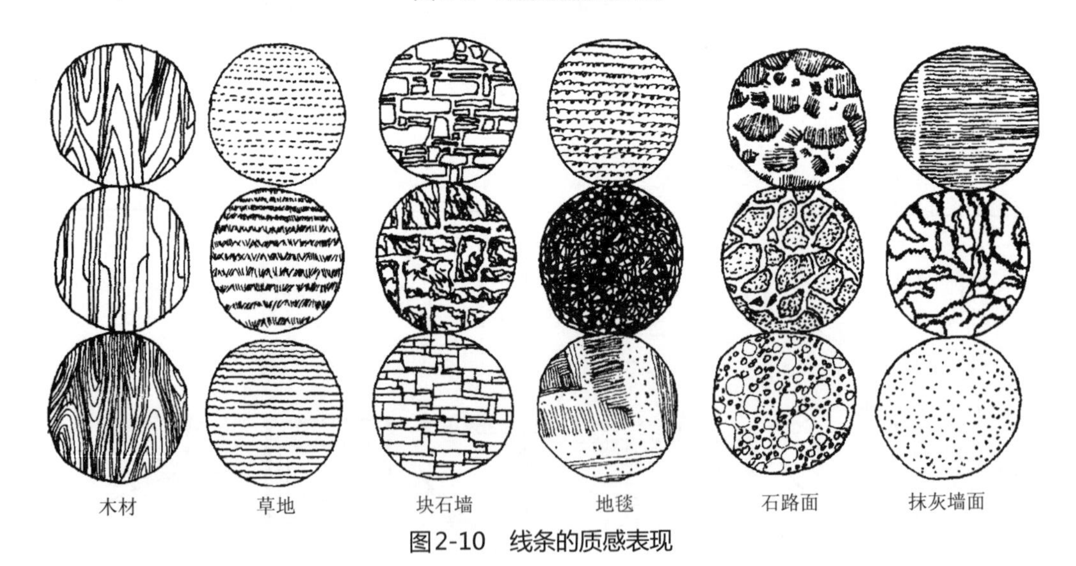

图2-10　线条的质感表现

四、速写的练习

室内设计表现图的速写练习是每个设计师都必须要进行的一项训练，它要求有活跃的设计思路和快速的表现方法。速写训练常选择建筑作为首选的对象，这是因为建筑的体量尺度大，透视线复杂，需要有高度的概括能力和敏锐的尺度感。画好了建筑，再画室内及其陈设物，就会容易得多。同时，用速写的方法去临摹书刊、照片、幻灯等外部资料，既能储存大量的形象信息，又可以开阔思路，训练手脑有机配合的快速造型能力，为快速绘制室内表现图打下坚实的基础（见图2-11）。速写练习时需要注意以下三个问题。

图2-11　速写作品/王金培2006级

1. 透视

在快速表现时心中要有透视观，根据画面的布局拟定视平线位置、灭点以及若干主要辅助引线等，形成一个透视效果明显的基本框架，为后期的逐步表现打下坚实的基础。

2. 构图

速写的魅力之一就是构图的灵活多变，要意在笔先，胸有成竹，虚实疏密布局适宜。在构图的先期，就应该在心中勾勒出描绘的中心在什么位置，次要表现的在什么位置，一笔带过的在什么位置。构图与透视应有机结合。

3. 取舍

由需要表现的主题要求和表现的目的，根据时间及表现内容的多少，抓结构主线，抓整体感觉，敢于舍去不必要的旁枝末节，次要的艺术化了的简单描述。

第三节　室内设计表现的色彩原理

色彩的美感是一般美感中最大众化的形式，它在很大程度上决定了一张表现图的成败。因此对于绘制者来讲，如何提高色彩的修养，就成为至关重要的一环。

一、色彩的基本原理

1. 光与色

生活经验告诉我们，凭借光才能辨别物体的颜色以及由颜色来区分的形状、空间、位置，没有光就不存在色彩感觉。“光”，从物理学的角度分析，它属于电磁波的一部分，是一种客观存在的物质。电磁波包括无线电波、红外线、可见光、紫外线、X射线、γ射线等。从视觉角度分析，光是可见光。不是所有的电磁波都能引起眼睛的视觉，只有波长在红外线与紫外线之间的光才能引起眼睛对色彩和明暗的反映。如图2-12所示。

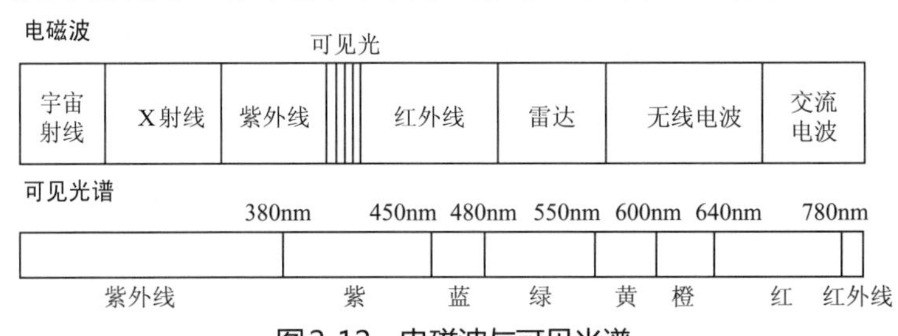

图2-12　电磁波与可见光谱

“色”实际上是不同波长的光刺激人眼的视觉反映。色彩的物理性质是由光波的波长和振幅决定的。经测定，各种色光的波长都不一样。由于人眼无法分辨不同色光波长的绝对值，因此，在一定波长范围内的光刺激人眼所产生的是同一色觉。波长决定色相的差别，如果波长相同，而振幅不同，则产生同一色相明暗调子的差别。

2. 物体色、环境色与光源色

物体色：由于光线照射到物体上以后，会产生吸收、反射、透射等现象，而且各种物体都是具有选择性吸收、反射、透射色光的特性。当白光照射到物体上，它的一部分被物体表面反射，一部分被物体吸收，剩下的则穿过物体表面透射出来。因此，通常所说的物体色，是指在日光照射下物体所呈现的颜色。

环境色：是指某一物体反射出一种色光又反射到其他物体上的颜色。环境色的反光量与环境物体的材质肌理有关，表面光滑、明亮的玻璃器皿、瓷器、金属等，其反射光量大，对其周围物体色的影响也比较大；反之，表面粗糙的物体，其反光量小，对周围环境色彩的影响也较小。

光源色：所有物体的色彩总是在某种光源照射下产生的，并随着光源色及周围环境色彩的变化而变化，但以光源色的影响最大。相同物体在不同光源下会呈现不同的色彩。同时光源色的光亮的程度也会对被照射物体产生影响。强光下的物体色会变得明亮、浅淡；弱光下的物体色会变得模糊、灰暗；只有在中等强度光线下，物体才清晰可见。

3. 色的分类

色彩可以分为有彩色系和无彩色系两大类。

无彩色系：是指白色、黑色或由白色、黑色混合而成的各种深浅不同的灰色。如果按照明暗变化的规律排成一个系列，即由白色渐变到浅灰、中灰、深灰和黑色，在色度学上称此为黑白系列。在现实生活中并不存在纯白或纯黑的物体，颜料中采用的锌白、钛白只能接近纯白，煤黑只能接近纯黑。该色系的颜色只有一种基本属性——明度。它们不具备色相和纯度，也就是他们的色相和纯度都等于零。色彩的明度可用黑白度来表示，越接近白色，明度越高；越接近黑色，明度越低。

有彩色系（又称彩色系）：是指红、橙、黄、绿、青、蓝、紫等颜色。不同的明度和纯度的红、橙、黄、绿、青、蓝、紫都属于有彩色系。有彩色系的颜色具有三个基本特性——色相、明度、纯度。在色彩学上，有的也称其为色彩的三要素或色彩的三属性。

4. 色彩的基本特性

色彩有三个基本特性，即色相、纯度和明度。

色相：是指能够比较确切地表示某种颜色色别的名称，是有彩色系的最大特征。如柠檬黄、土黄、曙红、玫瑰红、翠绿……在物理学上，色相是由光波决定的。不同波长的光刺激人眼会产生不同的色彩感觉，如700nm波长的光刺激人眼会产生红色觉，520nm波长的光刺激人眼会产生绿色觉。如图2-13所示。

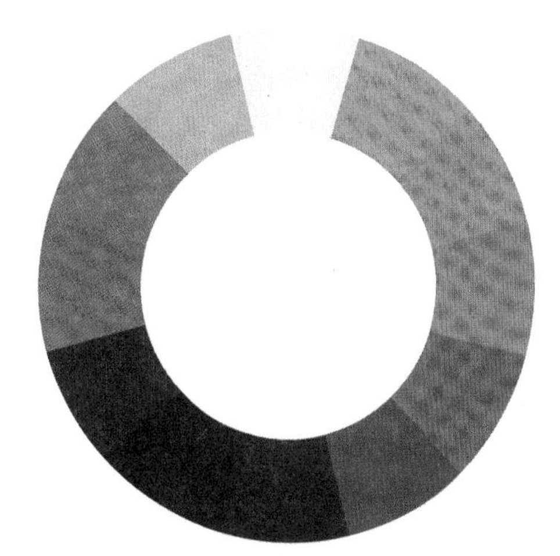

图2-13　伊橙十二色相环

纯度：是指色彩的纯净程度，它表示色彩中含有某种单色光成分的比例。比例越大，色彩的纯度越高；比例越小，色彩的纯度越低。可见光谱的各种单色光是最纯的颜色，为极限纯度。当一种色彩混入黑、白或其他颜色时，纯度就产生变化。当混入色达到一定比例时，颜色将失去本来的面目，而变成混入的颜色了。当然，并不是说在这种被混合的颜色里已经不存在原有色的色素，而是由于在大量的混入色中，原来被掺和色的色素被同化了，人的眼睛也无法感觉到。如图2-14所示。

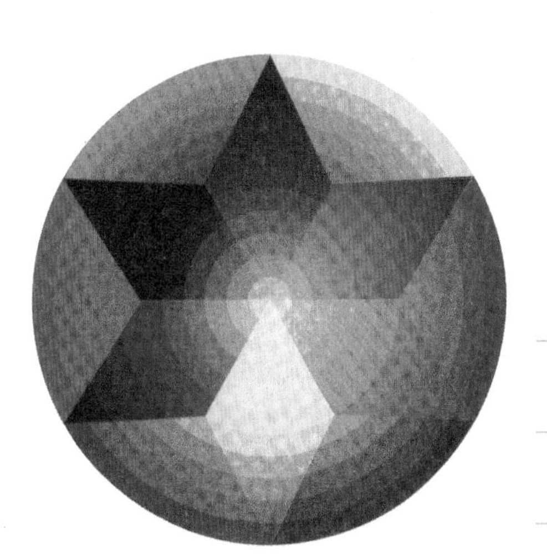

图2-14　纯度差的对比

明度：是指色彩的明亮程度。各种有色物体由于它们反射光量上的区别，会产生颜色的明暗变化。色彩的明度有两种情况，一是同一色相有不同明度。如同一颜色在强光照射下显得明亮，在弱光照射下显得灰暗。同一颜色加白、黑混合以后也能产生各种不同的明暗变化。二是各种不同颜色之间有不同的明度。每一种纯色都有与其相应的明度，黄色明度最高，红、绿色为中等明度，蓝、紫色明度最低。如图2-15所示。

图2-15　明度差的对比

色彩的明度变化往往也会影响到纯度。如在绿色中加入黑色明度降低，加入白色明度提高，由于纯绿色中混入了黑色或白色，其明度产生了变化，因而绿色的纯度也就降低了。

每种有彩色系的颜色，其色相、纯度、明度这三个基本特性都是不可分割的，没有哪种颜色只有色相而没有纯度和明度，也没有哪种颜色只有纯度而没有色相和明度，三者相辅相成。因此，在认识颜色和应用色彩时，必须同时考虑这同时存在的三个因素。

二、色彩对人的生理和心理影响

色彩感觉是依靠人的眼睛发生作用后传递到大脑的，是生理上的现象。色彩学家通过长期对色彩的研究，发现不同波长的作用于人的视觉器官产生色感的同时，透过感觉的冲击作用，必然导致某种复杂情感的心理活动，直接在人的心理产生心理现象，如温暖、冷漠、安静、热闹、清爽等，诸如此类感受都来自于心理的作用。

色彩本身就是有个性的，人们对于色彩的偏好往往都带有许多心理上的折射，它也是时代的内涵在人们心理上的投影与写照。色彩的直接性心理效应来自于人在接受了不同波长的光刺激视网膜后作用于大脑，色彩的物理刺激对人的生理产生的直接影响的心理反应，是人内心活动的一个复杂过程。色彩和人们的情绪关系密切，不同的色彩能引起人们不同的心理感应，使人们产生不同的心理体验。

1. 色彩对人生理的影响

人是依靠感觉器官来接受外界信息的，人的感觉器官包括视觉、听觉、味觉、嗅觉、触觉、第六感觉，其中视觉器官最为重要，因为80%以上外界信息的获得来自视觉器官——眼睛。人的眼睛形成视觉的过程为：光线-物体-眼睛-大脑-视知觉。当人眼受到光的刺激后，通过晶状体投射到视网膜上，视网膜上视觉细胞的兴奋与抑制反应通过视神经传递到大脑的视觉中枢，从而产生物体的明暗和色彩的感觉。色彩对人生理的影响主要有如下两个方面。

（1）色彩的膨胀与收缩　由于各种不同波长的光通过晶状体时，聚焦点并不完全在视网膜的一个平面上，因此，在视网膜上，影像的清晰度就有一定差别。长波长的暖色具有扩散性，因此，影像模糊不清，具有眩晕感；短波长的冷色具有收缩性，所产生的影像比较清晰。如果将暖色与冷色相对照，由于同时对比的作用，色彩的错视现象会更明显。

据说法国国旗一开始是由面积完全相等的红、白、蓝三色制成的，但是旗帜升到空中后感觉三色的面积似乎并不相等。为此，专门召集有关专家共同研究，发现这是由色彩的收缩和膨胀作用引起的，最后把三色的比例做了调整，此后才感觉面积是相等的。

色彩的膨胀与收缩，不仅与波长有关，还与明度有关。比如：同样粗细的黑白条纹，感觉上白条要比黑条粗；同样大小的黑白方块，白色方块要比黑色方块略显大些；瘦长的人穿明艳的衣服可以显得丰满些，矮胖的人穿深色的衣服可以减少臃肿感。

（2）色彩的前进与后退　从生理学上讲，晶状体的调节，对于距离的变化是非常精密和灵敏的，但它又对波长的调节存在限度。波长长的暖色（如红色、橙等色）在视网膜上形成内侧映像，波长短的冷色（如蓝、紫等色）在视网膜上形成外侧映像，从而产生暖色前进、冷色后退的感觉。

色彩的前进与后退、膨胀与收缩有以下规律：

暖色、高纯度色、大面积色、亮色、对比色一般具有膨胀感、前进感。

冷色、低纯度色、小面积色、调和色一般具有收缩感、后退感。

色彩的前进感与后退感形成的距离错视原理，在绘画中常被用来加强画面的层次空间，例如：表现远景或使物像具有后退感，色调可以偏冷些，并降低色彩的对比度；表现近景或使物像具有前进感，色调可以偏暖些，并加强色彩的对比度。

2. 色彩对人心理的影响

色彩心理是指客观色彩世界引起的主观心理反应。色彩心理与色彩生理是交替进行的，它们之间既相互联系，又互相制约。当色彩刺激引起人们生理变化时，也一定会产生心理变化。如蓝色、绿色能使人的血压降低，脉搏趋缓，使人在心理上产生清凉、宁静的感觉。色彩心理研究的内容十分的广泛，作为设计师，充分了解不同对象的色彩欣赏习惯和审美心理是十分必要的。

（1）色彩的冷暖感　不同的色彩会产生不同的温度感。如红、橙、黄色易使人联想到升起的太阳、燃烧的火焰，因此有温暖的感觉，称为暖色系。青、蓝色易使人联想到大海、晴空、阴影等，因此有寒冷的感觉，称为冷色系。凡是带红、橙、黄的色调称为暖色调；凡是带青、蓝的色调称为冷色调；绿与紫是不暖不冷的中性色。

色彩的冷暖是比较而言的，由于色彩的对比，其冷暖性质可能会发生变化。如绿与黄相比，绿显得冷些，而绿与蓝相比，绿就显得暖些。色彩的冷暖感与明度、纯度变化有关系，同一颜色加白明度提高，色彩则变冷；加黑则明度降低，色彩变暖。此外，纯度高的颜色一般比纯度低的颜色要暖些。色彩的冷暖感还与物体的表面肌理有关，表面光亮的颜色倾向于冷，表面粗糙的颜色倾向于暖。

暖色使人兴奋，但容易使人感到疲劳和烦躁；冷色使人镇静，但容易使人感到沉重和忧郁；只有协调明快的色调，才能给人以轻松愉快的感觉。

（2）色彩的轻重感　色彩的轻重感主要取决于色彩的明度，高明度色具有轻感，低明度色具有重感。白色最轻，黑色最重，凡是加白明度提高，色彩变轻，凡是加黑明度降低，色彩变重。同时色彩的轻重感与知觉度有关，凡纯度高的暖色具有重感，纯度低的冷色具有轻感。

（3）色彩的强弱感　色彩的强弱感与知觉度有关。高纯度色具有强感，低纯度色具有弱感，有彩色系比无彩色系色彩感强。有彩色系以红色为最强。对比度强的配色具有强感，对比度弱的配色具有弱感。

（4）色彩的软硬感　色彩的软硬感主要取决于明度和纯度，高明度的含灰色具有软感，低明度的纯色具有硬感。色彩的软硬感与色彩的轻重感、强弱感有关，轻色软，重色硬；弱色软，强色硬；白色软，黑色硬。

（5）色彩的明快与忧郁感　色彩的明快与忧郁感主要与色彩的明度、纯度有关。明度高的鲜艳颜色具有明快感，灰暗混浊之色具有忧郁感。低明度基调的配色容易产生忧郁感，高明度基调的配色容易产生明快感。强对比色调具有明快感，弱对比色调具有忧郁感。

（6）色彩的兴奋与沉静感　色彩的兴奋与沉静感与色相、明度、纯度都有关，其中以纯度的影响最大。在色相方面，偏橙、红的暖色具有兴奋感，偏蓝、青的冷色具有沉静感。在明度方面，明度高的颜色具有兴奋感，明度低的颜色具有沉静感。在纯度方面，纯度高的颜色具有兴奋感，纯度低的颜色具有沉静感。因此，暖色系中明度高而鲜艳的颜色具有兴奋感，冷色系中深暗、混浊的颜色具有沉静感。强对比色调具有兴奋感，弱对比色调具有沉静感。

（7）色彩的华丽与朴素感　色彩的华丽与朴素感与色相关系最大，其次是纯度和明度。红、黄等暖色和鲜艳、亮丽的色彩具有华丽感，青、蓝等冷色和混浊、灰暗的颜色具有朴素感。有彩色系具有华丽感，无彩色系具有朴素感。色彩的华丽与朴素感还与色彩组合有关，运用色彩对比的配色具有华丽感，其中以补色组合为最华丽。为了增加色彩的华丽感，金、银色的装饰是不可少的。

三、室内设计的色彩应用与搭配

在室内设计和表现中获得良好的色彩应用与搭配，关键在于色彩的和谐。和谐的色彩是一种既包含色彩的色相、明度、纯度、面积等方面的差异和对比，又是一种在整体上取得的协调美。

1. 室内设计色彩的性格与运用

色彩的搭配是室内设计表现中的重要理念。色彩既能给人或文雅，或拙朴的意境，也能给人带来或热烈，或宁静的气氛。同时由于长期的社会实践，人们对不同的色彩形成了不同的理解和感情上的共鸣，并赋予了各种色彩以不同的象征意义。例如：红色系列给人温馨、浪漫、使室内空间充满活力，春光无限。黄色系列明朗、华贵，营造开朗愉悦的居室环境。草绿系列清新、自然，郊野的气息扑面而来。蓝色系列宁静、凉快，令你领略到碧海南天的风采。紫色系列高雅、淡泊，充分显露你独特的品味。白色系列飘逸，让你感受到优雅、和谐的氛围。

2. 室内设计色彩的搭配

作为室内设计表现图来讲，色彩关系和谐是第一位的，不管采用什么样的配色方案，一定要取得和谐的基本效果。

（1）同类色的搭配　同一色相的色彩进行变化统一，形成不同明暗层次的色彩，只有明度变化的配色，给人以亲和感。同色搭配是最为稳妥和保守的方法。这种方法可以构成一个简朴、自然的背景，安定情绪，有舒适的感觉。再加上其他色调的摆设，使整个色彩布局既沉稳安静，又活泼而灵性。

（2）类似色的搭配　色相环上相邻色的变化统一配色，如红和橙、蓝和绿等，给人以融合感，可以构成平静调和而又有一些变化的色彩效果。如果居室里运用强色或深色，采用类似色搭配是比较安全的方法，较易取得和谐理想的效果。类似色搭配产生的明快生动的层次效果，体现了空间的深度和变化。

（3）对比色的搭配　补色及接近补色的对比色搭配可以使得色彩更加鲜明，从而加强了色彩的表现力。对比不是只有红与绿、黄与紫等色相上的对比，灵活采用明度的对比、彩度的对比、清色与浊色对比、彩色与非彩色对比等，也可以获得色彩构图的最佳效果。对比色搭配是最显眼，最生动，但同时又是较难掌握的色彩搭配方法。大胆地运用对比色搭配，可以令居室产生惊人的戏剧效果，风格与众不同，通常有兴奋、欢快、精神、生动的效果。

第四节　室内设计表现的透视原理

一、透视的基本原理与概念

1. 透视投影的形成

透视图形与真实物体在某些概念方面是不一致的，所谓“近大远小”是一种错觉现象，然而这种错觉却符合物体在人的眼球水晶体上呈现的图像，因而它又是一种真实的感觉。为了研究这个现象的科学性及其原理，人们总结出了“画法几何学”和“阴影透视图学”。透视投影图（简称透视图）是以人的眼睛为中心的中心投影，符合人们的视觉形象，它能逼真地反映出建筑室内外空间的外观，使观察者看了如目睹实物一样，所以透视图是研究视觉形象的真实图画（见图2-16）。视点、画面、物体，是形成透视图的三要素，这三者以这样的顺序排列；视点-画面-物体，所得的透视图为缩小透视，为人们所常用。画面可以是平面、曲面和球面，本书介绍平面上的透视图。

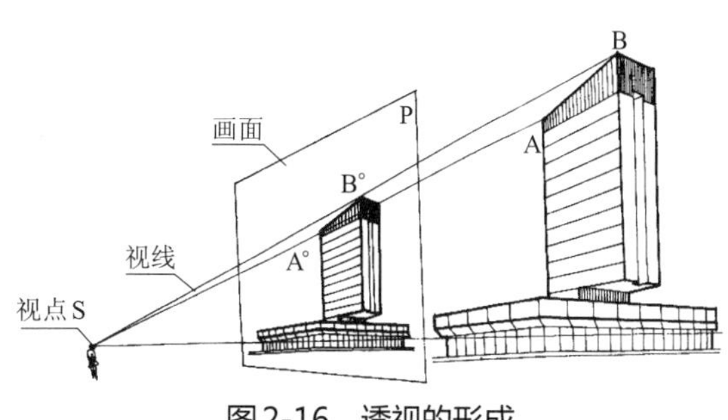

图2-16　透视的形成

2. 透视投影中的常用名词

立点（SP）：人站立的位置，也称足点。

视点（EP）：人的眼睛的位置。

视高（EL）：立点到视点的高度。

视平线（HL）：观察物体的眼睛高度线，又称眼在画面高度的水平线。

画面（PP）：人与物体之间的假设面，或称垂直投影面。

基面（GP）：物体放置的平面。

基线（GL）：假设的垂直投影面与基面交接线。

心点（CV）：视点在画面上的投影点。

灭点（VP）：与基面相平行，但不与基线平行的若干条线在无穷远处汇集的点。

测点（M）：求透视图中物体尺度的测量点，也称量点（见图2-17）。

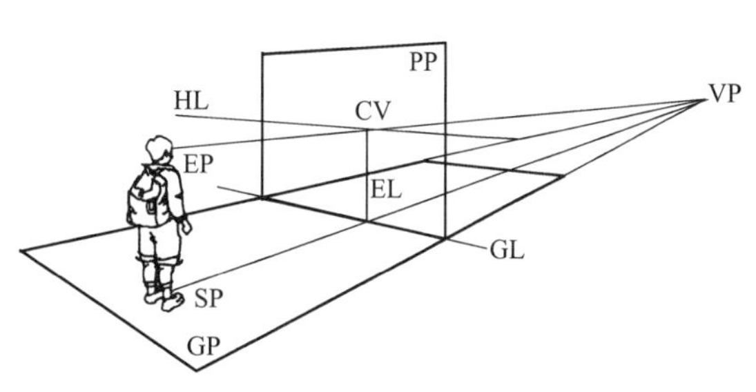

图2-17　透视投影中的常用名词

二、室内透视图的分类及特征

室内设计经常使用的透视图画法有以下几种。

1. 一点透视（平行透视）

一点透视又称平行透视，其最大的特点是心点与灭点重合。表现范围广、内容多、说明性强，适用于画大厅、广场、街道、走廊以及室内布置等。如图2-18所示。

图2-18　一点透视

2. 两点透视（成角透视）

两点透视又称为成角透视，画面效果自由活泼，反映空间接近人的直接感受。适用于画单独的建（构）筑物，如房屋、桥梁、涵洞等，也可画建筑群体的透视，如小区规划、道路立体交叉等。如图2-19所示。

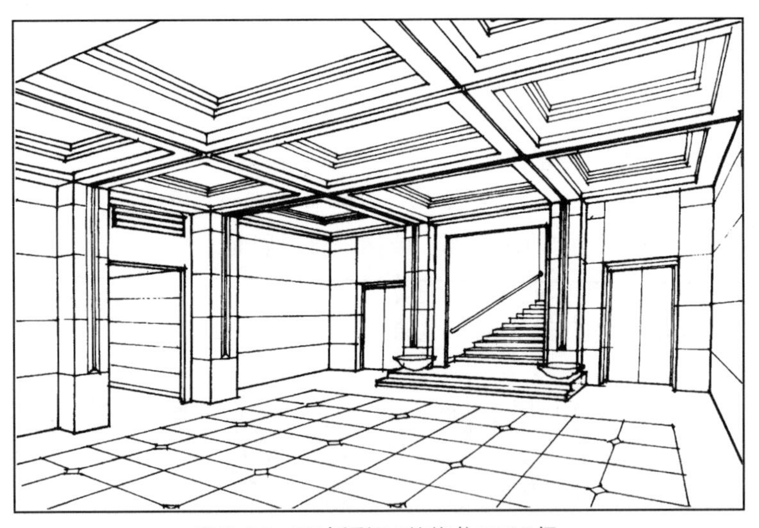

图2-19　两点透视/苗俊龙2006级

3. 俯视图

俯视图实际是室内平面空间立体化。说明性强，常用于整体单元的各个室内空间的功能与布置设计的介绍，作图原理近似一点透视。如图2-20所示。

4. 轴测图

轴测图能够再现空间的真实尺度，反映功能性室内区域的分隔，但不符合人眼看到的实际情况，严格地讲不属于透视的范围。如图2-21所示。

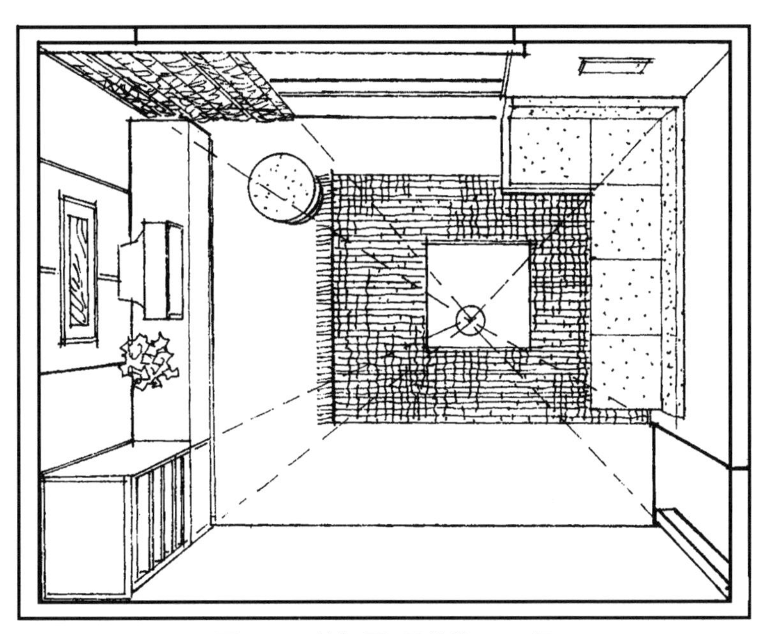

图2-20　俯视图/吕苗苗2006级

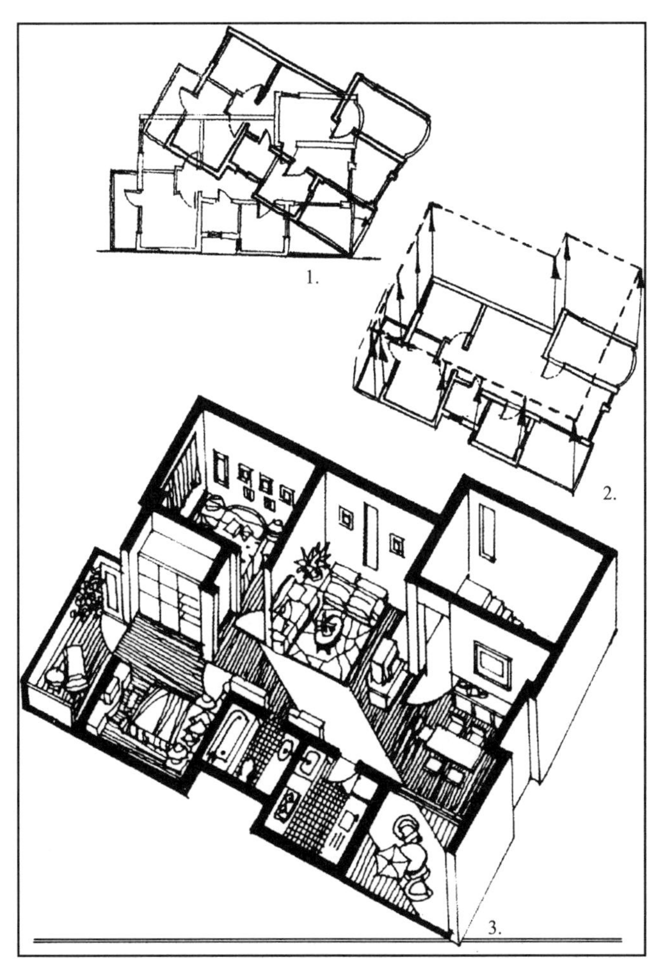

图2-21　轴测图

三、室内透视制图

1. 一点透视（平行透视）作图

最简单的一点透视法是量线法。这种画法可以一边探讨室内透视图的大小，假定室内的进深，一边进行作图。量线法作图可以主观确定的要素有：作图的比例。室内墙面的大小和位置、视点CV的位置与高度，以及灭点VP的位置。作图步骤如下。

① 准备：由点CV过a、b、c、d作延长线（见图2-22）。由点CV向右方过d′作水平延长线。在延长线上任意确定点VP，其中点d′与VP的间隔表示离开内墙面的视距（见图2-23）。在ad的延长线上，按同一尺寸作点d_1、d_2、d_3、d_4作为室内进深尺寸的量点（见图2-24）。

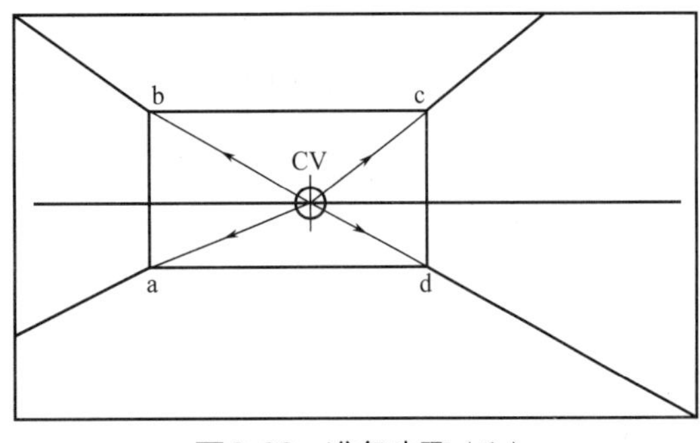

图2-22　准备步骤（1）

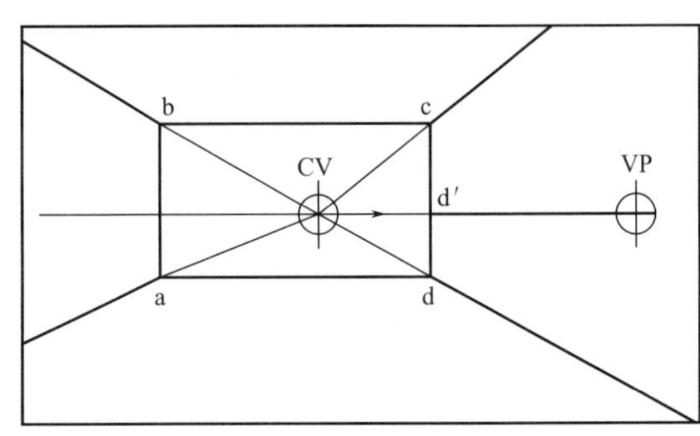

图2-23　准备步骤（2）

② 求开间尺寸：在线ad上按所定比例求出点a_1、a_2、a_3、a_4，并与点CV连接。顶棚也按同样步骤作图（见图2-25）。

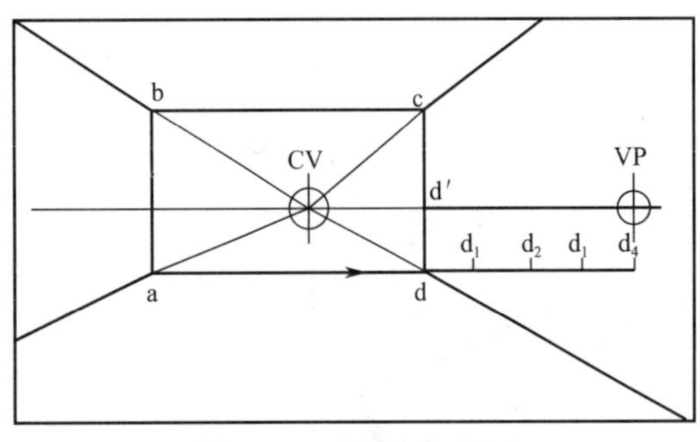

图2-24　准备步骤（3）

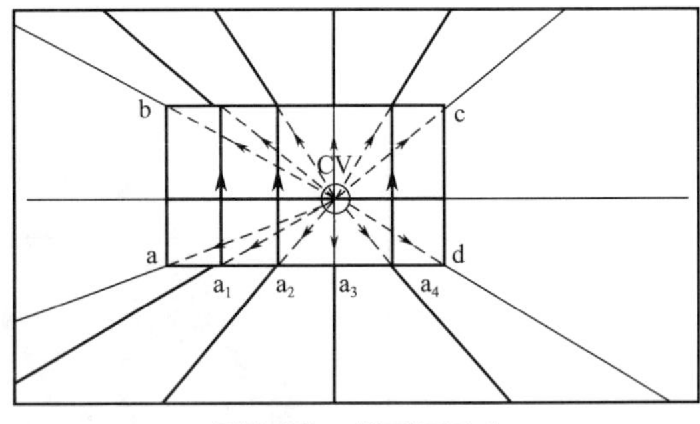

图2-25　求开间尺寸

③ 求进深尺寸：把点VP与d_1、d_2、d_3、d_4连接，在延长线上求出各交点。过交点的水平线和垂直线，成为室内透视图的基准线（见图2-26）。

④ 求高度尺寸：所有高度的实际长度，都在线ab的垂直线上求得。最终完成室内透视图（见图2-27）。

2. 两点透视（成角透视）作图

根据平面图的布置方向，可以变换室内透视图视角方位的画图方法，是两点透视中的足尺法。这种画法通过在线PP上方画出的基本平面图，根据设计表现的需要改变不同的角度，从而探讨室内透视图的最佳视角位置，然后求出准确的透视。足尺法作图可以主观确定的要素有：室内透视的视线角度、线PP的位置以及与基本平面图相接的角度、线GL的位置、线

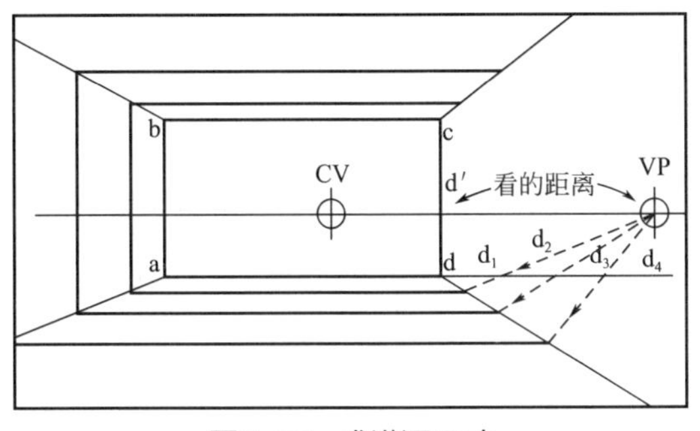

图2-26 求进深尺寸

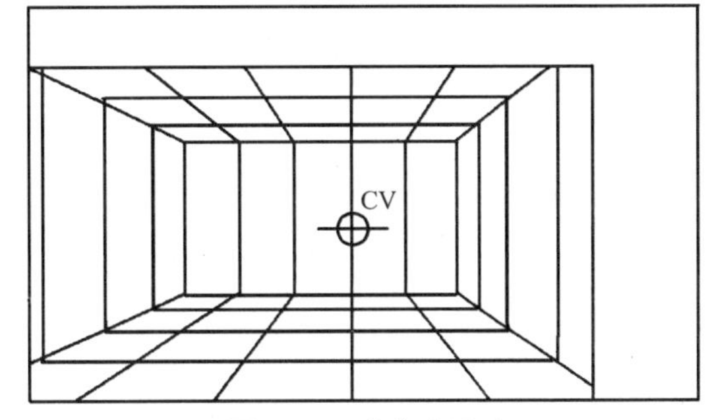

图2-27 求高度尺寸

HL的位置、点SP在GL线下方的位置。

作图步骤如下。

① 准备：确定平面图的内容范围及与PP线间的夹角，设定GL线的位置并画出视平线HL，在GL线下方确定足点SP，并由此点分别作平行于两墙面的直线交PP线于P_1、P_2，再过P_1、P_2点向下作垂直线交HL线于VP_1、VP_2点，点VP_1与VP_2即为两灭点（见图2-28）。

② 求高度、开间与进深尺寸：由与PP线相连的两内墙面的点c、d向下作垂直线交GL线于a、b两点，在此任意一点的垂线上确定顶棚的真高度ae（或bf）。连接m与SP，与PP相交于m′点，再由点m′向下作垂直线，然后连接VP_1b、VP_1f、VP_2e、VP_2a，与过m′的垂线相交于g、h，点g、h即为m墙角的透视高度线，所得图形ahge、bfgh即为室内成角透视的墙体空间界面图形（见图2-29）。

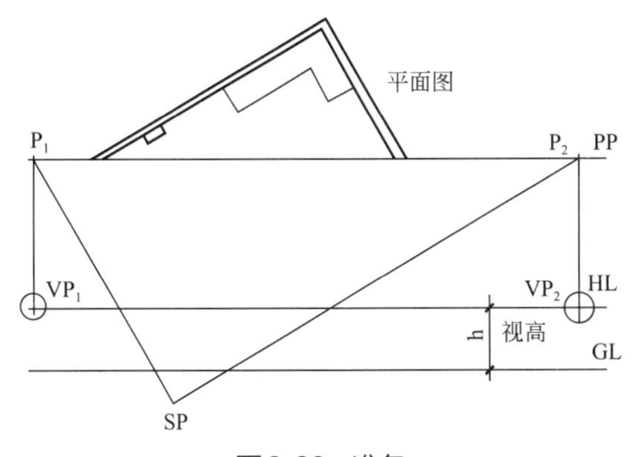

图2-28 准备

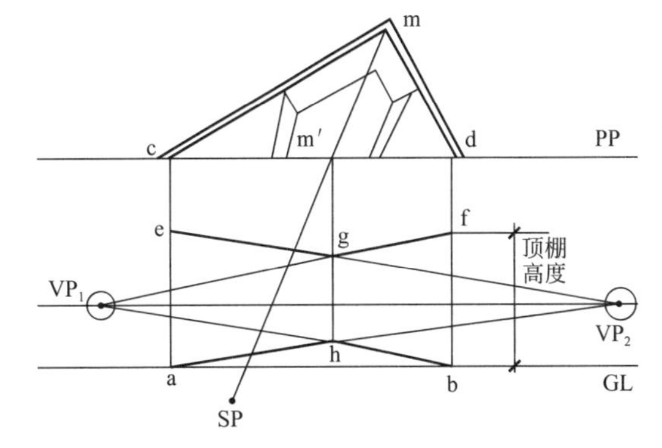

图2-29 求高度、开间与进深尺寸

③ 按上述办法将室内平面图内其它形体的转折点朝SP方向作延长线，交PP线于各点，再过各点分别向下作垂直线即可求得各形体的透视效果（见图2-30）。

3. 俯视图作图

俯视图可以用一点、两点及三点透视的方法作图，这里介绍的是一点透视的足尺法。这种画法从上向下俯视，能简明地表达室内的整体性。通过改变比例，还可以任意表达室内透视图的大小。一点足尺法可以主观确定的要素有：平、立面图的比例；立面图中画面线PP的位置；平面图中心点CV的位置和视点EP的位置。

作图步骤如下。

① 准备：在图纸上画出平面图与立面图，确定剖切的高度（一般取2m左右），作PP线，根据表现内容选定心点CV以及在该点垂直上方的合适位置确定视点EP，并将立面上的各点与EP点连接，求得在PP线上的各交叉点（见图2-31）。

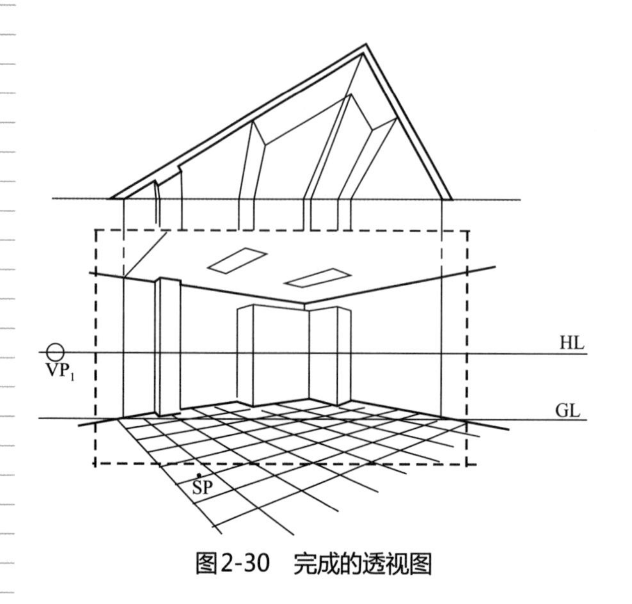

图2-30　完成的透视图

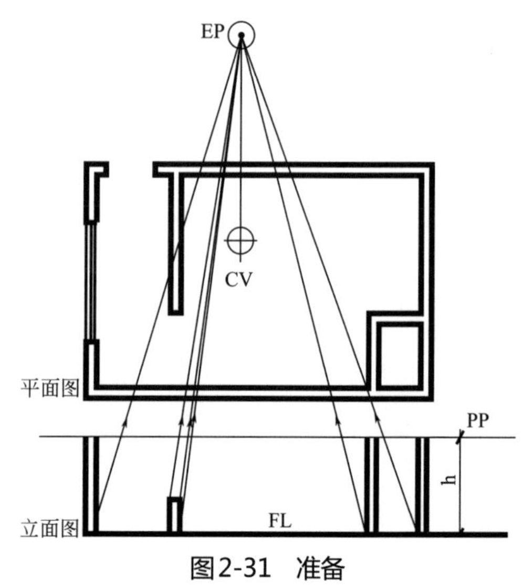

图2-31　准备

② 作图：将平面图的各点与心点CV连接，再把图中PP线上的各点向上作垂线与同CV连接的线相交，将所得各交点相连即得地面与墙面的交接线，俯视的空间界面可见（见图2-32）。

③ 按上述基本程序，可求出其余的门窗、家具、陈设等的空间位置和形状（见图2-33）。

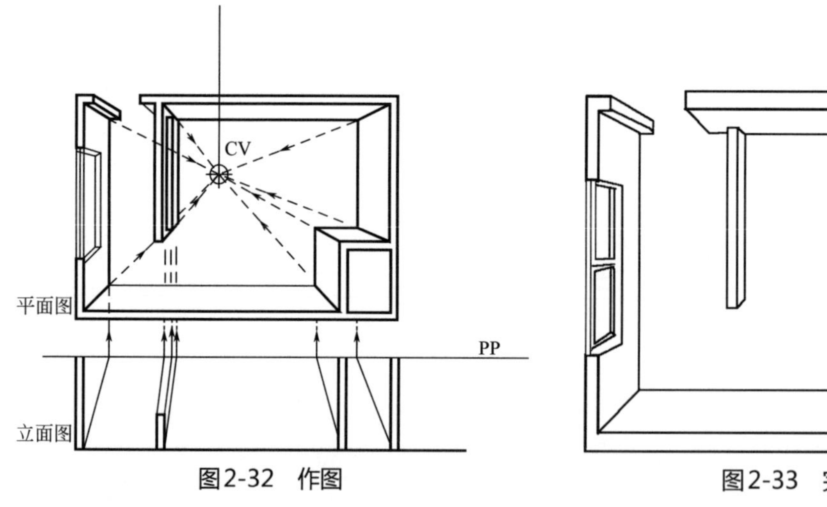

图2-32　作图

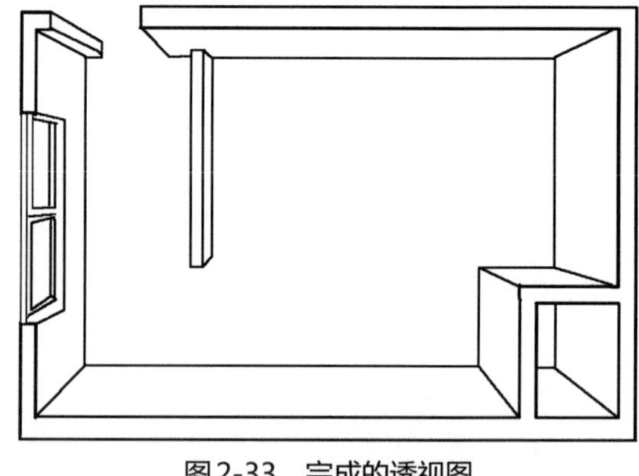

图2-33　完成的透视图

4. 轴测图作图

利用正、斜平行投影的方法，产生三轴立面的图像效果，并通过三轴确定物体长、宽、高三维尺寸，同时反映物体三个面的形象，利用这种方法形成的图像称为轴测图。轴测图常用的有以下三种。

① 正等轴测图：又称正等测，其三个轴间夹角均为120°，画俯视或仰视图都可采用这种轴测法。

② 正二测轴测图：简称正二测，三个轴间夹角97°、131°、132°，一般用它画微带俯视的效果图。

③ 正三测轴测图：三个轴间夹角各不相同，这种轴测图多用于建筑、室内和展示设计。

作图步骤如下。

简易轴测图作法比较简单，它实际上是将平面图在水平线上扭转到一定的角度后，把图上的各点按同一比例尺寸，向上作设计高度的垂直线，然后连接垂直线上端的各点，即可求出所需的作图（见图2-34）。

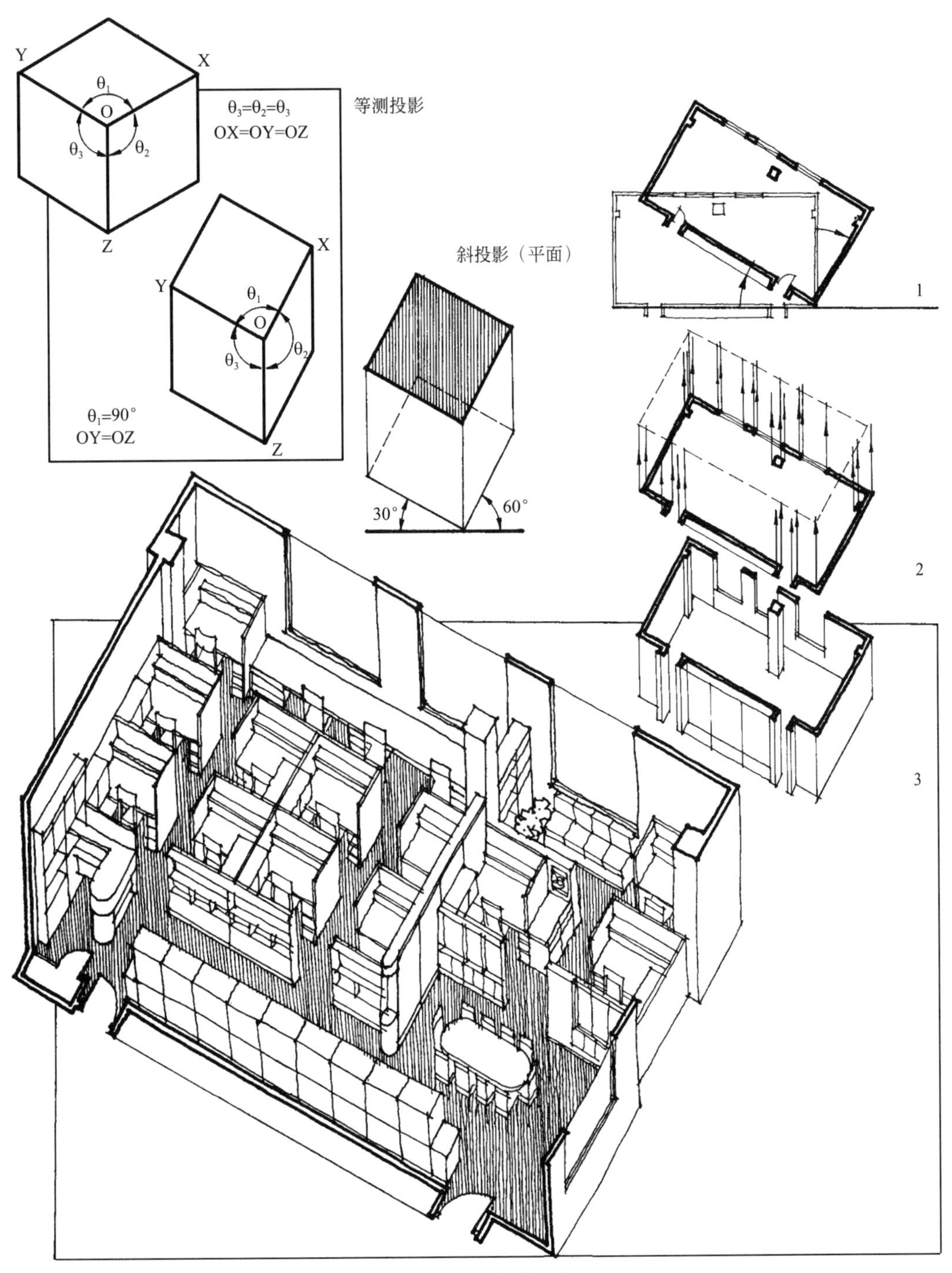

图2-34 轴测投影

第五节　室内设计表现的构图技法

一、构图的基本概念

构图一词出自拉丁语，原意有组成、结构和联结等含义。广义地讲指从选材、构思到造型体现的完整创作过程，即思维过程和组织体现过程。狭义地讲指一幅图画的布局和构成。就是把要表现的对象，根据主题和内容的要求，有意识地安排在画幅之内，把设计者的意图表达出来。具体包括一张表现图给人总的视觉感受，主体与陪体、环境的处理，对象之间相互关系的处理，空间关系处理，虚实控制以及光线、影调、色调的配置，气氛的渲染等。构图的目的就是通过研究在一个平面上三维空间——高、宽、深之间的关系，来增强画面表现力，更好地表达画面内容，使主题鲜明，形式新颖独特，增强艺术的感染力。

二、构图的基本原则

1. 均衡与对称

均衡与对称是构图的基础，主要作用是使画面具有稳定性。均衡与对称本不是一个概念，但两者具有内在的同一性——稳定。均衡与对称都不是平均，它是一种合乎逻辑的比例关系。平均虽是稳定的，但缺少变化，没有变化就没有美感，所以构图最忌讳的就是平均分配画面。对称的稳定感特别强，对称能使画面有庄严、肃穆、和谐的感觉。比如，我国古代的建筑就是对称的典范，但对称与均衡比较而言，均衡的变化比对称要大得多。因此，对称虽是构图的重要原则，但在实际运用中机会比较少，运用多了就有千篇一律的感觉。

2. 对比的运用

对比运用的巧妙，不仅能增强艺术感染力，更能鲜明的反映和升华主题。对比构图，是为了突出与强化主题。对比有各种各样，千变万化，但是把它们同类相并，可以得到诸如形状上的对比，如：大和小、高和矮、方和圆、粗和细等。又如色彩与质感上的对比，如：深与浅、冷与暖、明与暗、黑与白等。在一幅作品中，可以运用单一的对比，也可同时运用各种对比，对比的方法是比较容易掌握的，但要注意不能死搬硬套，牵强附会，更不能喧宾夺主。

三、室内设计效果图的构图特征与应用

室内设计效果图的构图主要是指画面的布局和视点的选择，首先一定要表现出空间内的重点设计内容，并使其在画面中的位置恰到好处。室内设计效果图的构图有一些基本的规律可以遵循。

1. 主体分明

每一张设计表现图所表现的空间都会有一个主体，在表现的时候，构图中要把主体放在比较重要的位置。比如图面的中部或者透视的灭点方向等，也可以在表现中利用素描明暗调

子，也就是把光线集中在主体上。

2. 画面的均衡与疏密

因表现图所要表现的空间内物体的位置在图中不能任意的移动而达到构图的要求，所以就要在构图时选好角度，使各部分物体在比重安排上基本相称，使画面平衡而稳定。基本上有两种取得均衡的方式。

① 对称的均衡：在表现比较庄重的空间设计图中，对称是一条基本的法则，而在表现非正规即活泼的空间时，在构图上却要求打破对称，一般情况下要求画面有近景、中景和远景，这样才能使画面更丰富，更有层次感。

② 明度的均衡：在一幅表现图中，素描关系的好坏直接影响到画面的最终效果。一幅好图中黑、白、灰的对比面积是不能相等的，黑白两色的面积要少，而占画面绝大部分面积的是从色阶一到二百五十六的灰色。

而疏密变化则分为形体的疏密与线条疏密或二者的结合，也就是点、线、面的关系。疏密变化处理不好画面就会产生拥挤或分散的现象，从而缺乏层次变化和节奏感，使表现图看起来呆板、无味。

构图的成功与否直接关系到一幅表现图的成败。不同的线条和形体在画面中产生不同的视觉和艺术效应。好的构图能体现表现图中表现内容和和谐统一。

第六节　室内设计表现的光影与质感

一、室内设计表现技法中的光影处理

有了光，世界在人们的眼里才是丰富多彩，五光十色的。一切物体形状的存在是由于光线的照射作用，物体就有了明暗变化，而明暗变化能表现物体的空间感和体积感。因此，形和明暗关系是所有表达要素中最基本的条件。然后依次才是由光线作用下的色彩、光感、图案、肌理、质感等感觉。光源分为自然光源和人工光源，自然光是来自太阳的光线，人工光是人造物发出的光线。自然光是平行光线，人工光是辐射光线。室内表现图一般比较注重人造光源的光照规律。不同的光照方式对物体产生不同的明暗变化，从而对形体的表现产生很大的影响。例如，顺光以亮部为主，暗部和投影的面积都很少，变化也较少；侧光其亮部的变化由近向远逐渐变暗，而暗影则是由近向远逐渐变亮；逆光的物体，暗面占物体的四分之三以上，暗影由近向远逐渐变亮。

光线和投影可以营造表现图的真实感和层次感，起到烘托主体气氛的作用。光线使物体产生丰富的调子，必须用明暗调子才能表现其主体感。物体的明暗变化规律可细分为三大面（亮面、次亮面、背光面）、五大调子（亮、次亮、明暗交界线、次暗、反光）。在设计表现图中，最为重要的是高光与明暗交界线的处理，通过分析各物体的明暗变化规律，对空间的明暗变化采取简洁、概括的手法，区分出大的黑白灰关系，体现主体与辅助物体的立体层次关系，加强从大到小整体光线调子的把握能力。

二、不同质感效果的表现技法

室内表现图中涉及的材料种类繁多，其质感特征各不相同。归纳起来有以下几类。

① 反光而不透光的材料：比如金属、陶瓷、不透明的工程塑料、镜材与油漆饰面材料等；

② 反光且透光的材料：比如各类透明半透明的玻璃、水晶等；

③ 不反光也不透光的材料：比如橡胶、木材、亚光的塑料、防止物、石材等；

④ 不反光而透光的材料：比如一些网状的编织物等。

各种物体都有各自特定的属性和特征。例如：柔软的丝质品；玻璃器皿的透明和光洁；棉毛织品、呢绒制品的表明纹理与质地的软硬；金属与各种石材的坚硬沉重；另外，在表现图中由于物体质感的不同在表现上也应有不同的手法。如反光强的物体，玻璃和抛光的金属或石材等，对光的反映非常强烈，边缘形状清晰，对比强烈，对周围物体的倒影和反光很强；又如反光弱或不反光的物体，各类织物、砖石、木材等，则外观质感较柔和。因此，准确表现物体的质感对室内表现图来说至关重要。相对于表现图整体而言，个别物体的质感描绘应服从与整体的素描关系，也要分重点与非重点，从而达到艺术表现上的真实，如图2-35～图2-44所示。

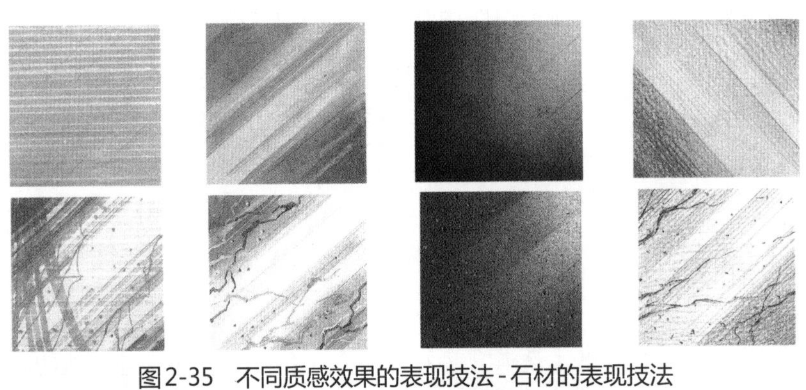

图2-35　不同质感效果的表现技法-石材的表现技法

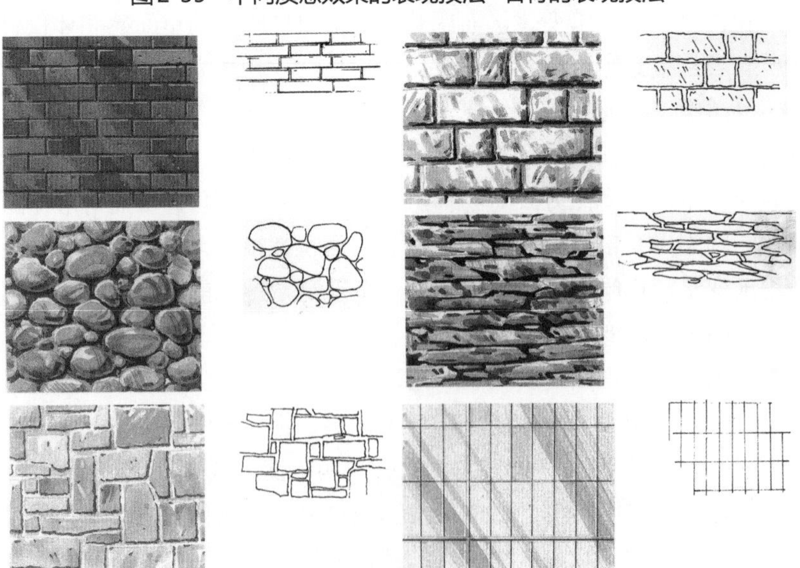

图2-36　不同质感效果的表现技法——装饰墙面的表现技法

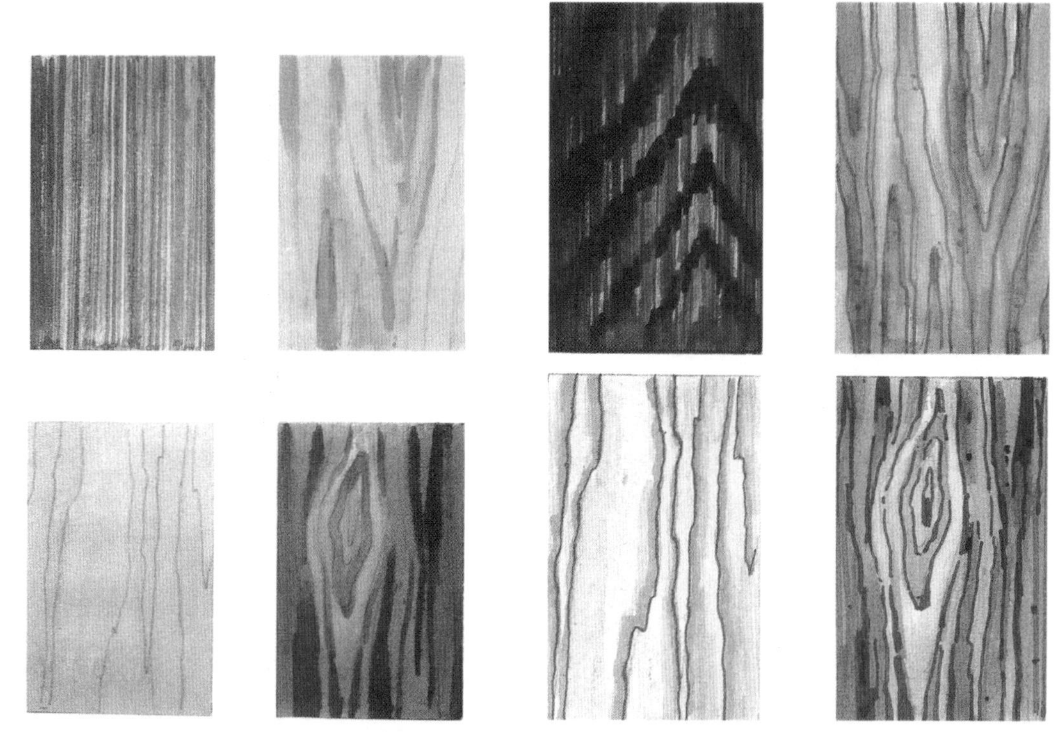

图2-37　不同质感效果的表现技法——木材的表现技法

图2-38　不同质感效果的表现技法——玻璃的表现技法

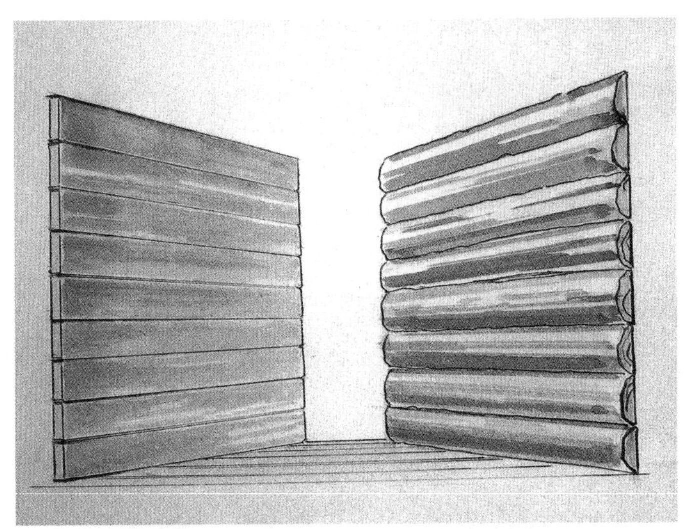

图2-39　不同质感效果的表现技法——木板墙的表现步骤

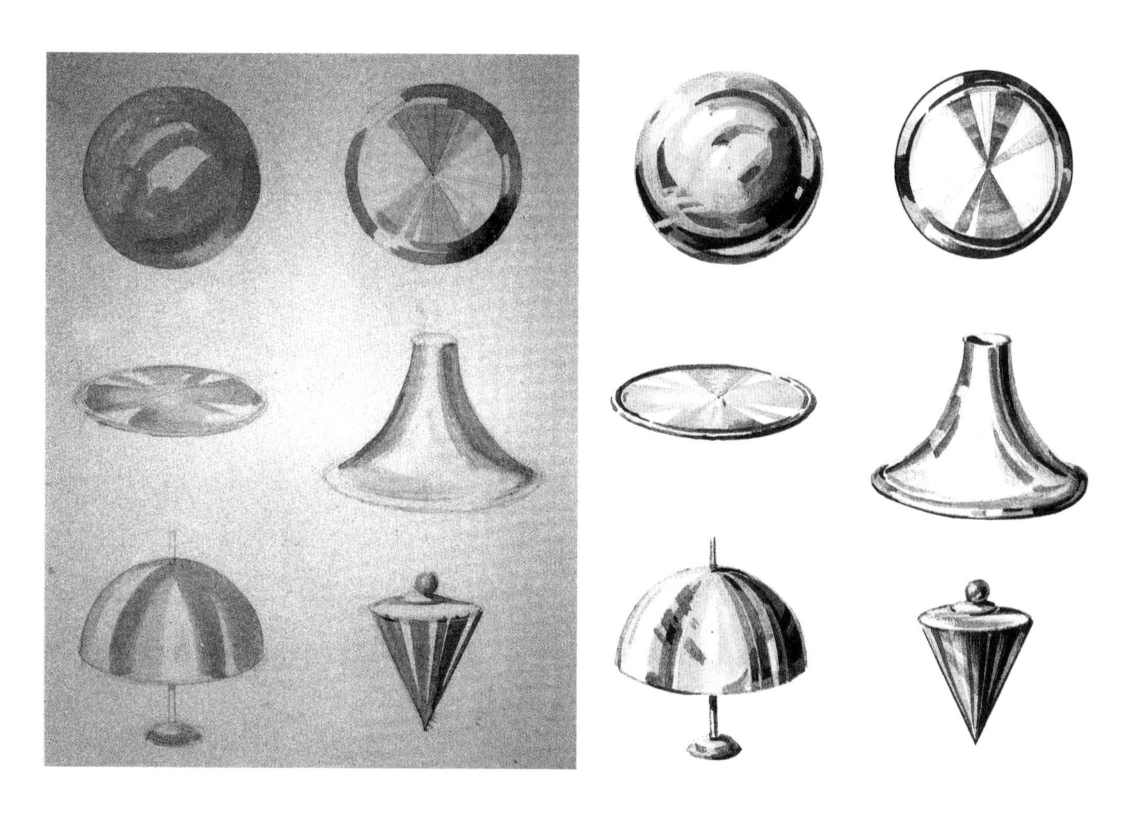

图2-40　不同质感效果的表现技法——金属材料的表现技法

图2-41　不同质感效果的表现技法——不锈钢材料的表现技法

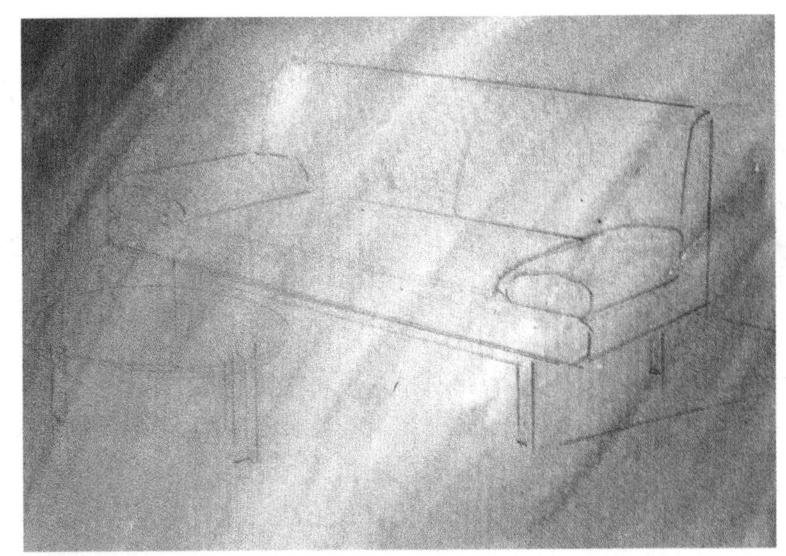

图2-42　不同质感效果的表现技法——皮革的表现步骤

图2-43　大理石纹理表现/潘景果

图2-44　桌椅木纹水粉表现/潘景果

本章练习题

1. 观察自然界中的各种直线、曲线形态，通过排线来体验线条的疏密、轻重等节奏。

2. 根据透视的原理及画法，任意选择某建筑的一角，绘制一张完整的室内透视图。

3. 搜集不同室内装饰材料的资料，熟悉其材料特性与质感，练习表现不同质感、不同风格、不同形式的家具。

第三章　室内设计常用的表现技法

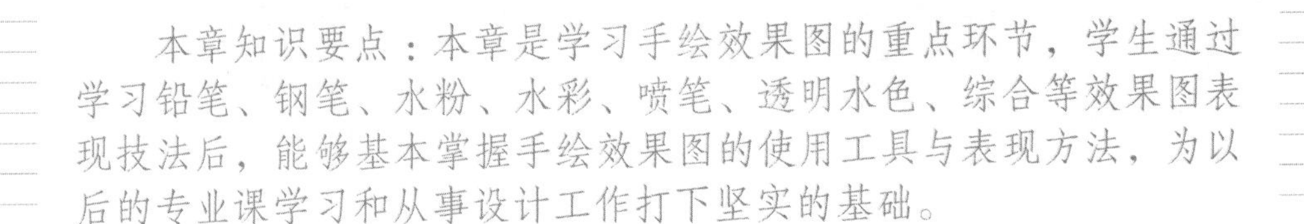

本章知识要点：本章是学习手绘效果图的重点环节，学生通过学习铅笔、钢笔、水粉、水彩、喷笔、透明水色、综合等效果图表现技法后，能够基本掌握手绘效果图的使用工具与表现方法，为以后的专业课学习和从事设计工作打下坚实的基础。

研究设计手绘效果图的表现方法是环境艺术设计及相关专业的必修课之一。作为设计师是以设计表现图为语言，来表达其独特的设计思想和方案构思的。设计构思能力对于设计师来说确实是最重要的，然而设计图的表现能力对于设计师来说也是必不可少的，也是非常重要的。因为没有一定的设计表现能力，首先会影响其设计构想的表达和说明。其次在某种程度上影响设计师的想像力和设计能力的发展。所以说一个好的设计师，同时也应该是一个好的设计图表现师。图3-1就是国内优秀设计师的作品。

图3-1　室外景观设计/沙沛仲夏

手绘效果图从使用绘画材料和绘制的不同方法上看，可分为以下几大类：① 铅笔和钢笔线描；② 水粉；③ 马克笔；④ 水彩；⑤ 透明水彩；⑥ 喷笔；⑦ 综合技法等。

第一节　室内效果图基础技法训练

一、铅笔表现技法

1. 铅笔效果图的作用及特点

铅笔作为学习绘画的最基本工具之一，具有很多优点，如易于掌握、便于修改等，也是手绘效果图的基础训练方法之一，也可以作为方案稿投标时使用。铅笔效果图在本章作为手绘效果图的基础来讲解，因为它所使用的方式方法很接近我们学习过的素描，主要是起到一个连接的作用，使我们的学习有个连续性，也便于我们今后的学习。

在这个步骤中，要解决结构、明暗、肌理等一系列问题，不要把问题带入到下个单元。很多同学在刚开始学习时，就用马克笔来表现，认为很帅气，不注重基础训练，结果图画出来却非常糟糕，忘记了"欲速则不达"这句古训。

在画图之前，要把所需的铅笔准备好，但初学者不要选择过软的铅笔，这样有利于结构、肌理的表达；纸张选择素描纸、绘图纸即可。

2. 铅笔效果图的方法及步骤

（1）确定构图，画出空间的基本透视　画好透视稿是画好效果图的关键，这往往被初学者所忽略。最好是在草纸上画好透视稿后，再拷贝到裱好的画纸上，这样就可以很好地保持图面的清洁。由于效果图并不完全等同于绘画，它源于绘画，但初学者最好有美术基础，又有自己独特的表现语言，是属于图纸的范畴，所以图面一定要整洁、干净。

（2）画出空间的结构与家具等物体的形状　借助直尺等绘图工具，准确的绘制出空间的结构以及家具的形状，绘制要严谨、认真。效果图的绘制有它独特的程序，只有在严谨认真的态度下，才能在有限的课时里掌握它的基本绘制程序与方法。

（3）画出基本的明暗与材质的肌理　在画明暗时，一般按照正投影来确定光源，即光源处于室内的上方，投影处于家具等物体的下方，这样便于刻画与表现物体，要特别注意表现不同材质与肌理变化。

如图3-2所示，作者准确地把握了空间的透视与结构，物体的形态与肌理都做了充分的描绘，画法严谨、认真，并且很好地利用了铅笔的粗细与深浅，虽然没有上颜色，但将所要表达的内容已基本表达清楚，是初学效果图的同学所必需的步骤之一。

（4）丰富空间的氛围　空间氛围的创造能够丰富学生的空间想像力与创造力。初学铅笔效果图一定要尽力画到很精细的程度，就是不上色也能够体现空间的结构、材质、气氛等空间要素。

图3-3是国外建筑师的作品，充分地说明了一个概念，即铅笔可以作为效果图的基本表现工具与方法之一，就是不上色也可以完整的表达出设计师的意图。此图画风严谨，刻画精细，暗部表达清晰、透明，这是初学者往往忽略的，在画时要注意，一定要为了表达暗部的结构与肌理来形成暗部，千万不要一味的涂重来形成暗部。

图3-4是用铅笔来表达设计构思的一幅设计稿，设计者用松弛的笔法来研究此设计想法的合理性，即建筑与自然景观、人工景观形态与体量的关系，比较完整的表达出了作者的意图。

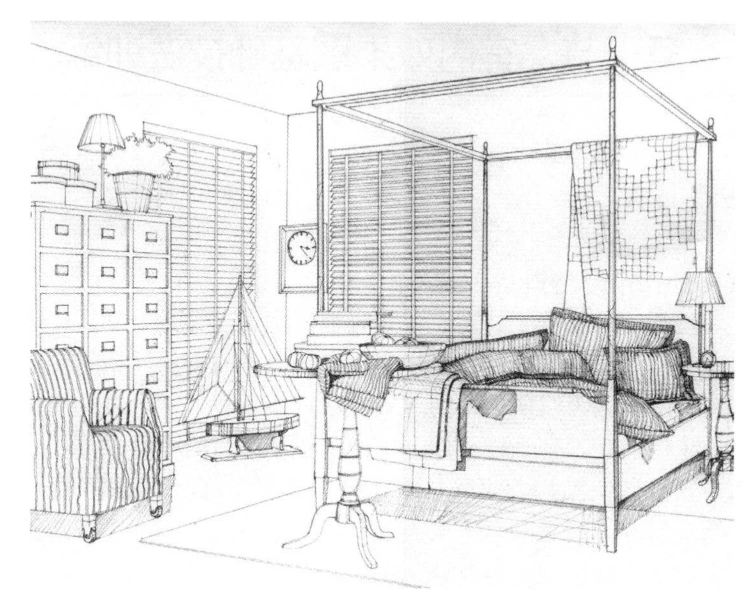

图3-2　卧室设计/蒋超

图3-3　国外建筑设计作品

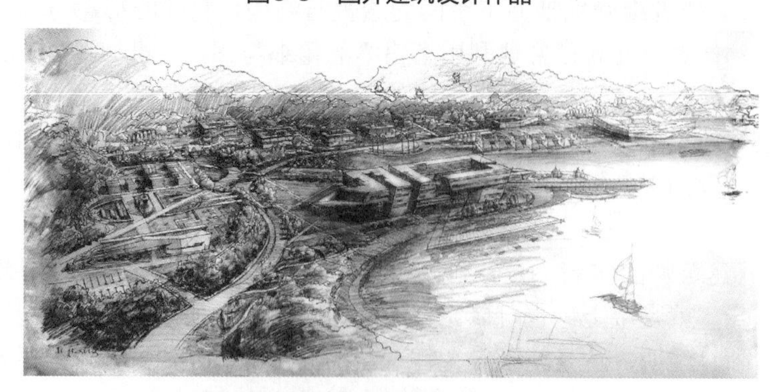

图3-4　滨海建筑景观规划设计/李江

案例实战：

请同学们根据本节所讲述的要点，结合专业特点，绘制铅笔效果图两张。

要求使用绘图纸或者复印纸（A3），注意突出中心，绘制过程中精细、严谨，图面干净、整洁，并把握好整体的透视关系。

二、钢笔表现技法

在经过铅笔效果图的训练后，就可以进行钢笔效果图的学习了。铅笔效果图有可用橡皮更改的余地，而钢笔则不同，画前要充分考虑好完成的效果，才不至于出错。这里说的钢笔指的是一切能画黑线或色线的笔，常用的有钢笔、针管笔等，不论用什么笔，都要求黑色干后见水不溶。钢笔不向外扩散和渗透，这样才能便于着色。钢笔、针管笔表现技法具有类似中国画白描画法的某些效果。它严谨、细腻、单纯、简便，也常作为淡彩、透明水色、马克笔和水溶彩色铅笔效果图的基础。同时，也可作为一种独立的效果图表现形式。

它的技法特点是利用线和线的排列组合，来表现形体的明暗、光影的变化和空间的虚实，也可根据物体的不同质感而采用相应的线型，以体现刚、柔、粗、细的变化。还可按照空间界面的转折和形象结构关系，安排线的方向和疏密关系的变化，来表现物体的空间感、立体感和层次感。这种技法所使用的纸张一般不受限制，而针笔的型号可根据所要表现的内容和图幅尺度的要求进行选择。采用辅助工具绘制的针笔技法，具有规整、挺拔、干净、利落等特点，而徒手表现则会取得自由、流畅、活泼、生动的效果。在此基础上，可以简单的着色，以增加表现力。无论采取何种方式去表现，我们都要通过大量线的粗细、曲直、疏密和组合的练习，最终达到运用自如的目的，并取得良好的表现效果。

如图3-5所示，作者利用钢笔的表现力，张弛有度地表达了自己的设计构思。

图3-5　建筑设计/李江

如图3-6所示，为国外建筑师作品，作者利用钢笔的特点与优势，一丝不苟的将一个建筑设计作品完整的呈现在我们面前。

图3-6　国外建筑设计作品

三、线描效果图的表现方法及步骤

线描效果图作画的具体步骤如下。

① 首先应将纸裱平，在拷贝纸上完成铅笔稿后透在画纸上，要求画稿清晰严谨，而且透的时候要保持画纸清洁干净。

② 勾线可采用黑线或彩色线，一种方法是借助尺和绘图仪器画线，这种线的效果平稳，形成整齐、庄重、严谨的风格。另一种方法是徒手勾线，其线条较自然，绘画性强，有活泼生动的效果。不论哪种方法，都要认真对待，因为此种画法中形体空间主要是靠针管笔线条来表现的，初学者最好是借助尺和绘图仪器来绘制。

如图3-7所示，作者用严谨的风格塑造出了具有动感的空间形态，运动休闲的人物形态

图3-7　运动休闲馆室内设计/李江

也都表现得惟妙惟肖。

图3-8与图3-9是设计师透好稿后徒手描绘的两张客厅的设计图，作者用轻松、自然的线条，将客厅的吊顶、墙壁的装饰及必要的配饰展现出来，虽然笔墨不多，但是表达却很充分，就连材质的肌理也做了很好的描绘。

图3-8　客厅设计

图3-9　客厅设计

③ 深入刻画。这个步骤很锻炼绘图者的能力，在画好线稿后，把整个空间的暗部理性地找出来，充实整个暗部，这里要注意，尽可能地通过表现结构与肌理来充实暗部。

如图3-10所示，作者用0.3毫米的针管笔，充分的表达了室内空间的结构与家具形态，即便没有上颜色，表达的也非常充分。

图3-11是一幅淡彩效果图上色前的针管笔画稿，作者用极其严谨认真的笔法，细致入微的表现了西餐厅的一角，可以说是一幅难得的佳作。针管笔画稿画到这个程度就使上色变得极其简单，只要用透明水色略加润色就可以了。

图3-12 ～图3-14是国外的优秀针管笔效果图作品，其严谨的画风是非常值得学习的。

图3-10　别墅客厅设计/蒋超

图3-11　西餐厅设计/张克非

图3-12　国外针管笔效果图作品

图3-13　国外针管笔效果图作品

图3-14　国外针管笔效果图作品

④ 着色。着色也可分为两大类。一类是平涂着色法，此表现图比较严谨、庄重而整洁。但要注意不能画得太死板僵化。另一类是笔触着色法。即利用笔触的变化着色。这种方法要求笔法纯熟，既严谨利落，又要活泼多变。在表现中的笔触一般可分为两种，一种是直接表现形体刻画形态的笔触；另一种是主要起装饰作用的笔触，要想掌握好此法必须多学多练才能领悟。此外，作画者一定要把所学的形式美法则应用起来。

图3-15是一幅国外设计师的钢笔淡彩效果图作品，该作者在精细的钢笔稿基础上，用透明水色和彩色铅笔，采用渲染的方式非常精彩的表现了商业综合空间的氛围。

图3-15　国外设计师作品

案例实战：

线描效果图2张（A3），要求严谨、细致，学会利用肌理来表现暗部，要求一张上淡彩。

第二节　室内效果图水粉表现技法

一、水粉效果图的特点及使用工具简述

水粉手绘效果图是基础的表现形式，它表现力强，色彩饱满浑厚，不透明，并且覆盖力强，主要用白色来调整颜料的深浅变化，易于修改，适合初学者应用。它主要是通过用色的干、湿、厚、薄来产生画面的丰富的艺术效果，适合多种空间的表现，能应付复杂的空间层次表现。它的缺点是，色彩的干湿变化很大，如果掌握不好，容易产生“灰”、“脏”、“生”的毛病。

水粉笔大多数是国产的，价格便宜。它的性能介于水彩笔和油画笔之间。水粉笔的笔毛是狼毫和羊毛掺半的，用起来是柔中带刚，既有弹性，又有蓄水性。水粉纸比水彩纸薄，纸面略粗，有一定的蓄水性能，吸色稳定，也不宜多用橡皮擦，如橡皮擦多了，会影响颜色的纯度、画面的亮度。水粉颜料如同其名，大多都含有粉质，厚画时具有覆盖性，所以水粉画易于修改。薄画时则呈现半透明。最大的特点是，颜色干湿时深浅变化较大，所以在画暗部时，颜色要用得“过”一些，用水要少些，这样干的时候才显得适当，否则画面会灰。除了以上工具之外，槽尺也是一个很是关键的工具，它所呈现出来的工具线型，具有机械的美感，是徒手画线无法比拟的，尤其在表现工业制品上。

二、水粉效果图表现技法及步骤

1. 水粉薄画法表现

① 首先应将纸裱平，在拷贝纸上完成铅笔稿后透在画纸上，要求透出物体的外形与主要结构，并用铅笔画出基本明暗与肌理。如图3-16所示。

图3-16　卧室设计步骤一/蒋超

② 上色。效果图的上色最忌畏手畏尾，一定要大胆，但是大胆不等于盲目。上色时要由浅入深的程序进行，即先上颜色浅的部分，白色的地方尽量不要上色。水粉颜料要用水进行稀释调和，最好准备一块海绵，将画笔中多余的颜料蘸掉，再往画纸上涂颜色，第一遍可以简单的平涂，也可以画一些简单的笔触。如图3-17所示。

图3-17 卧室设计步骤二/蒋超

③ 深入刻画。这个步骤的刻画顺序是由近至远，在第一遍色的基础上，用稍厚的颜色进行深入刻画，用笔触来塑造和丰富物体的材料质感与光影变化，直至完成。如图3-18所示。

图3-18 卧室设计步骤三/蒋超

2. 水粉底色法

所谓底色法也叫高光法，即在有色背景上进行提亮或加重的处理手法而形成的一种方便、快捷的表现形式。这种有色背景可直接选择各种颜色的画纸，或是采用喷笔喷上所需颜色作为底色，也可利用板刷进行平涂或是具有鲜明笔触及色彩退晕变化的背景处理。这样可以使画面富于变化，增强表现力和感染力。

高光技法通常以水粉颜料为主，因为它覆盖力强，色彩明度变化大，同时也可以在比背景重的地方采用透明水色进行绘制，在作画过程中我们会经常利用或保留原背景的颜色和笔触，以取得意外而又自然的效果。背景颜色的选择往往可根据画面绘制的内容来决定，主要以冷、暖的灰色系为主。这种技法对于表现夜景、灯光效果十分得力。如建筑外观、店面、舞厅、迪吧等，大面积的暗色，配以光怪陆离的灯光和虚幻的轮廓线，具有奇异的舞台效果和戏剧性，值得注意的是如果表现灯光和大面积微妙的过渡色时，常借助于喷笔可取得理想、客观的效果。

也有一些背景颜色的选择，并非完全取决于画面内容，而是出于此种技法比较便捷及画面色调易于统一这些特点来考虑的。即在大面积的底色上，用亮线或是重线描绘轮廓，以取得鲜明、独特的效果。

作画步骤如下。

① 首先应将纸裱平，在拷贝纸上完成铅笔稿后透在画纸上，要求透出物体的外形与空间的主要结构。如图3-19所示。

② 勾线。在完成第一步骤的基础上，再使用深色、白色将物体轮廓与主要结构勾画出来（请注意：一定要用槽尺与勾线笔进行）。如图3-20所示。

③ 然后用亮色或重色进行“提”或“压”来刻画物体，只刻画亮部和暗部，大部分的灰色一定要保留底色，直至整理完成。底色法绘制效果图是初学者一定要学习的方法之一，在以后的学习中大家会发现，不管是淡彩法、彩色铅笔，还是马克笔，在一幅效果图中有很多局部都是利用底色法来完成的，如图3-21所示。

图3-19 接待室设计表现步骤一/姜野

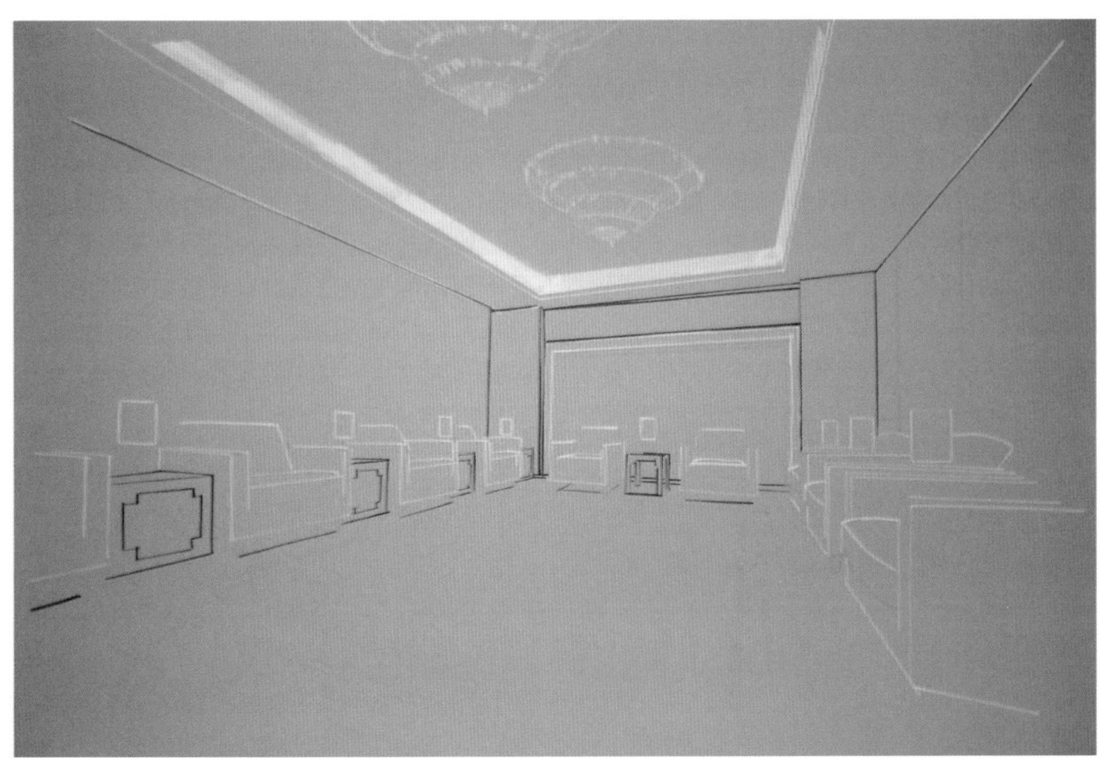

图3-20　接待室设计表现步骤二/姜野

图3-21　接待室设计表现步骤三/姜野

图3-22是一幅别墅客厅设计，作者利用色纸的暖色调，用水粉和彩色铅笔，通过提亮与加重手法，精彩的绘制出了一幅别墅客厅空间。

3. 水粉效果图画法中应注意的事项

在绘制水粉效果图时，底稿、线稿不必太详细，但结构轮廓要准确。提倡水粉薄画，在最初上色的过程中，最好不加白色来调整明度的变化，否则会失去色彩颜色感，而是用水的多少来调整，到后期，再用白色，否则难于控制。绘画时尽可能地避免用黑色降低色彩明度。可以用深红、普蓝、深蓝、深褐、深绿等有色彩倾向的重颜色混合。强调结构时，可以用黑色。

图3-22　别墅客厅设计/李威

注意水粉颜料对水量的控制及加色的技巧要求很高，这需要经验的积累。加水太多，不容易涂抹均匀，太少则干涩，拉不开笔，画图时要多用脑，少动手。处理暗部的色彩时最好一遍成，反复涂画会使其失去透气感。暗部需要大面积用湿画法、薄画法，小部分用厚画法、干画法。水粉颜料的色彩干湿的深浅变化很大，所以画的时候要留有余地，要有所控制。水粉颜料上色要有序，不能慌乱。

案例实战：

水粉效果图2张（A2图纸），要求薄水粉一张，底色法一张。

第三节　马克笔表现技法

一、马克笔的特性及综述

马克笔是一种较现代的绘图工具，具有使用和携带方便、作画速度快、色彩透明鲜艳等特点，但它却不适合较长期深入地作图，虽然能画出较完整的力作。但它更多的用于快速表现图和多种方案比较及现场出图等。马克笔颜料挥发性很强，所以用后应及时封盖。而笔头的斜方形和圆形，可画出各种线和面。其颜色种类很多，可达百余种。画纸应选用吸水性适当的纸，如铜版纸、彩喷纸等。也可与其他颜色配合适用，如透明水色、水彩其中同透明水色配合最佳，如图3-23。

图3-23　酒吧设计/蒋超

马克笔分水性和油性两种。水性马克笔比油性马克笔更坚硬，适合于精细刻画，但水溶性较差，面积较大时，能留下叠加重复的笔痕迹，不够均匀。但利用好这一特点，也可使画面生动。相比之下油性马克笔画起来更像水彩，因为有很好的水溶特点，在十几秒内不留痕迹，这样画较大的面积时也能控制得比较均匀。由于油性马克笔色液是由酒精甲醛类液体构成，吸水力强，挥发较快，密度较低的纸张画起来不容易掌握，最好使用马克笔专用纸。

图3-24 室外休闲区景观设计/马克辛

二、马克笔效果图的方法及步骤

1. 起稿

用铅笔勾图，除像其他画法一样注意透视和构图外，还要注意概括和简练，适合用马克笔表现。

2. 勾线

铅笔稿完成后，用绘图笔勾黑线。根据需要可用尺画线，也可徒手勾线（初学者要用尺），线的粗细根据画幅和景物而定。

3. 着色

勾线完成后，即可着色。着色前要将腹稿打好，最好是挑出所用的马克笔，并按顺序排好，着色时先背景后主体，先大色块大关系后画细部。马克笔着色最讲究用笔的笔法(笔触)，因为马克笔画物体都是靠笔触的组合完成的。马克笔的笔法运用一般有横竖排列、倾斜交差、长短宽窄、重叠疏密、粗细曲直等很多变化形式，这些都需要经过长期的学习和实践，才能掌握和运用自如，而达到变化无穷、得心应手。

图3-25～图3-29是美国设计师景观设计作品的马克笔上色过程，首先用黄绿色的马克笔对草坪进行着色，用同一个马克笔画草坪上的笔触，然后用橄榄绿的马克笔对落在草坪上的投影及周围灌木着色，用灰绿对远处的灌木着色，为了表达树干的生长方向，采用竖向的笔触。远处的花用鲜艳的橘红色马克笔来着色，远处的树木用灰绿色，近树先用黄绿色，再用灰绿色来补充暗部。天空用彩色铅笔简单涂饰就可以，水面先画倒影，再画水的色彩与波纹。从整个上色过程可以看出，马克笔的第一遍色基本上是平涂，第二遍色开始增加笔触，以使画面丰富而且生动。最关键的是作画者要对选用的每块色彩都成竹在胸，表达出来的作品色调才能够统一、完整。

图3-25　国外设计师景观设计作品表现步骤一

图3-26　国外设计师景观设计作品表现步骤二

图3-27　国外设计师景观设计作品表现步骤三

图3-28　国外设计师景观设计作品表现步骤四

图3-29　国外设计师景观设计作品表现步骤五

图3-30～图3-32是两名国内设计师的作品，概括或细腻都是马克笔绘图的风格，初学者只要沿着一个风格向前走，坚持不懈，就一定会取得成功。

图3-30　咖啡厅设计/李江

图3-31　学生卧室设计/蒋超

图3-32　卧室设计/蒋超

4. 马克笔效果图绘画应注意的事项

初学马克笔使用有一个适应的过程，开始比较难掌握。水彩可由浅到深逐步作画，水粉的覆盖性可以纠正错误。马克笔无反悔的机会，需要事先计划好画面一气呵成，败笔只能将错就错，要么只能重新开始。因而马克笔在作画程序上，要求比对有些习惯用水彩或水粉作画的人来说比较难适应，初学时难度较大。这里，介绍几种马克笔表现的技巧与注意事项（见图3-33、图3-34）。

图3-33　城市公共设施设计/马克辛

图3-34　办公空间设计/沙沛仲夏

（1）同类色叠加的技巧　马克笔中，冷色与暖色系列按排序都有相对比较接近的颜色，编号也是比较靠近的，画受光物体的亮面色彩时，先选同类颜色中稍浅一点的颜色画，在物体受光边缘处留白，然后再用同类稍微重一点的色彩画一部分叠加在浅色上，这样，物体同一个受光面会出现三个层次。用笔有规律，同一个方向基本成平行排列状态；物体背光处，用稍有对比的同类重色画，方法同上。物体投影明暗交界处，可用同类重色叠加重复几笔。物体投影可根据投影面的颜色，选择同类的重色画物体的投影关系(切记用同类色作叠加，不能用对比色作叠加)。

（2）物体暗部和投影处选择中性灰系列　暗部和投影处先画，要使用灰色系列，有利于控制画面物体的结构关系和整体画面的空间透视关系，在没上色之前，画面整体素描的关系先强调出来，给进一步着色提供充分考虑的时间和条件。如何选择冷灰或暖灰色要根据画面的整体色调而定，暖色调的画面，暗部和投影用暖灰色，相反，冷色调的画面，暗部和投影则用冷灰系列。暗部的画法同样用叠加法，画出层次。

（3）物体亮部留白，暗部色彩要单纯统一　马克笔颜色较纯，画面必须留有一定空间的白色作协调色彩，调解画面气氛，同时又能起到空间光感和物体质感表现的作用。切记，必须留白，否则画面将过闷或过艳，而不生动。

暗部和投影处，色彩要尽可能统一，尤其是投影处可重一些。画面整体的色彩关系主要靠受光处的不同色相的对比和冷暖关系加上亮部留白等构成丰富的色彩效果。整个画面的暗部结构起到统一和和谐的作用，即使有对比也是微妙的对比，切记暗部不要有大的冷暖对比。

（4）高纯度颜色使用的规律　画面中不可不用纯颜色，但要慎重用，用好了画面丰富生动，用不好则杂乱无序。画面结构形象复杂时，投影关系也随之复杂，这种情况下，纯度高的颜色要少用，不要面积过大，色相过多。相反，画面结构简单，投影关系单一时，可用丰富的色彩调解画面。就画物体或建筑而言，平整面大时，多用纯色对比，灰白色立体结构变化丰富时，少用纯色，尽可能使用亮色或浅灰色。当必须用纯颜色画物体时，而且画面中纯色色相变化较丰富，空间面积色彩占有较多时，暗部应采用大面积的重色，地面受光区应大面留白，物体受光区也要适当留白，这样也能保证画面的效果。

（5）物体高光处理　物体受光处提白线，点高光。所谓提白线，点高光，是指作画程序最后一步，根据画面的具体情况，可在受光处提白线，或者是点白处理。强化物体受光状态，使画面生动，强化结构关系。同时，暗部或光影处，也可以用比较重的线，叠加重复强化投影关系。这样处理能加强画面的整体素描结构关系，丰富画面。

案例实战：

1.马克笔效果图2张（A3图纸）；

2.马克笔效果图局部及各种材质表现20张（A4图纸）。

第四节　其他效果图表现技法简介

一、水彩效果图的方法

水彩颜料的渗透力强，覆盖力弱，所以颜色叠加的画，要宁“薄”勿“厚”，大面积可以“薄”，局部可以“厚”；前面的景物“厚”，准备强调结构线的地方“薄”；亮的部位、纯度高的部位可以“厚”。次数不宜过多，混入的颜色的种类也不能太复杂，防止画面变得污浊。如图3-35、图3-36所示，作者都将画面中明度高的部位做了留白，而将中间明度与暗部做了细致的刻画。其上色程序是这样的，起稿－从亮灰部开始着色－铺暗部色彩－仔细刻画直至完成。

图3-35 国外居室设计作品

图3-36 住宅设计/童鹤龄

图3-37是一幅国外建筑设计作品，是用水彩渲染的方式来表达的，整个画面色调沉稳统一，而不缺乏生动，色彩稳重又不失变化。

图3-37 国外建筑设计作品

二、透明水彩效果图表现技法

透明水色的画面效果与水彩相似，它的特点是：颜料色彩明快、鲜艳，比水彩更为清新、透彻，比较适用于快速表现手法。绘画时注意色彩叠加、渲染的次数不宜过多，色彩过于浓，不宜修改，一般与其他技法混用。因其色分子活跃，对纸面的清洁度要求苛刻，画线稿时不要用橡皮擦，否则会出现很脏的痕迹。

从图3-38～图3-42可以看出，其上色程序同水彩相似，但也有不同。透明水色的优点之一就是色彩艳丽，所以在高纯度的部位，从一开始就得画出其应有的纯度，而且最多上两遍色，否则其纯度将没有办法再画出来了。投影与暗部一般用灰色，以衬托其亮部。

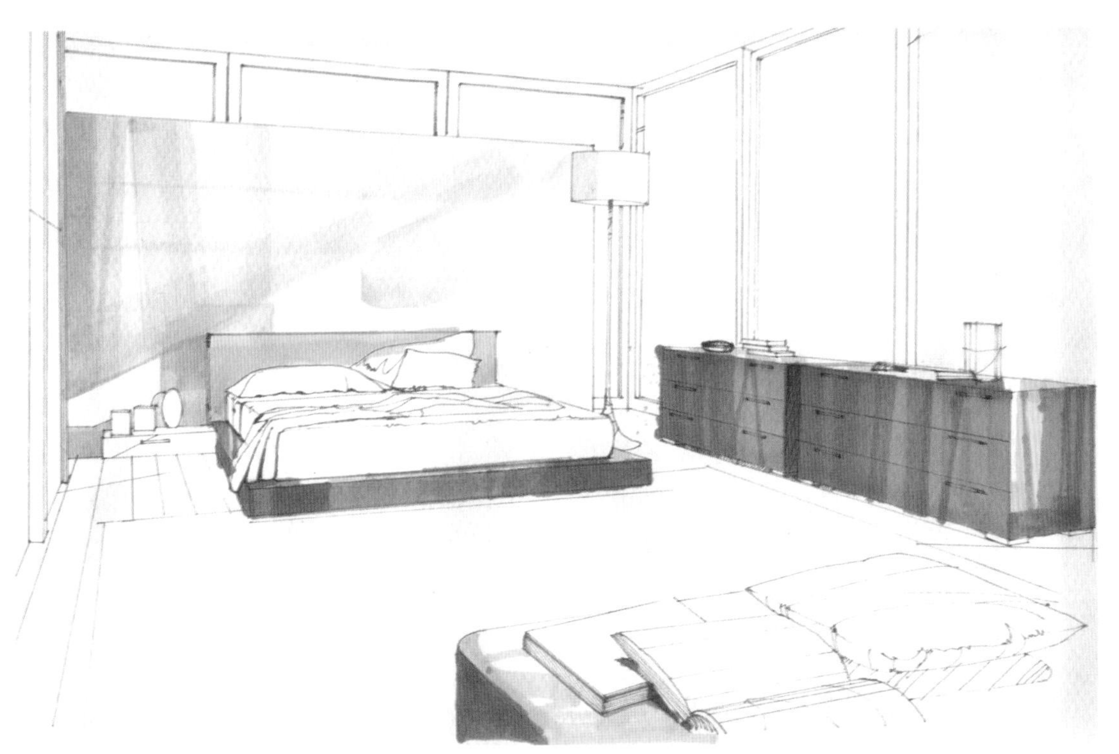

图3-38　卧室设计步骤一/蒋超

图3-39　卧室设计步骤二/蒋超

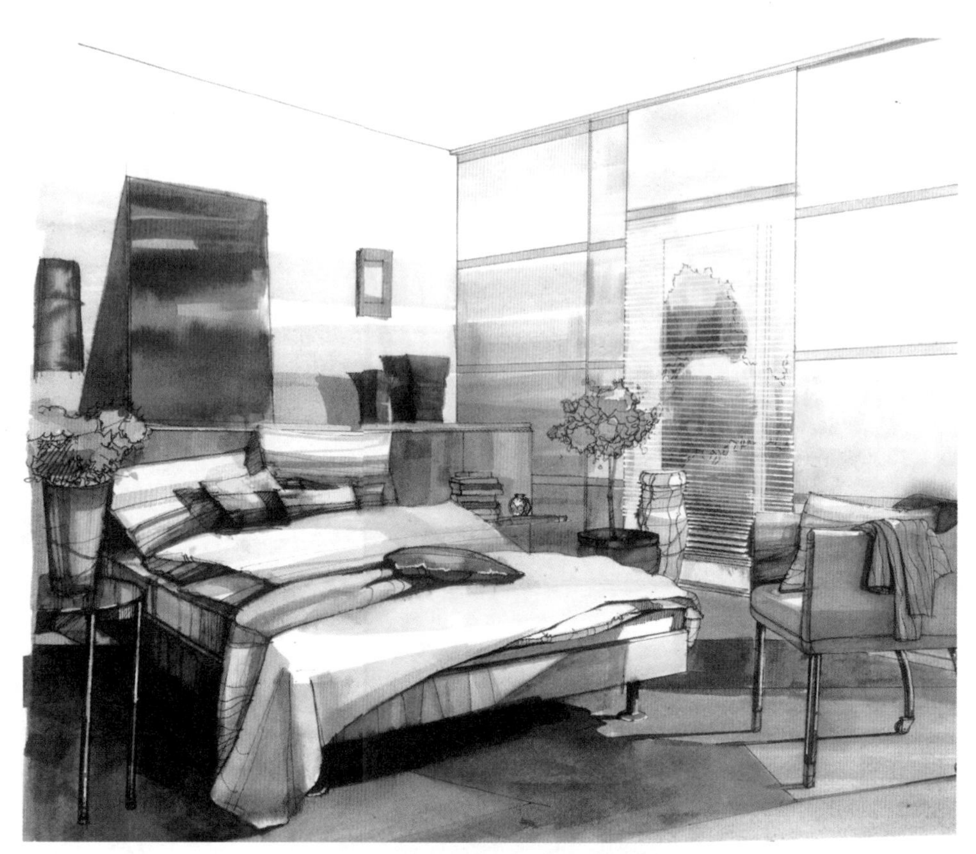

图3-40　卧室设计步骤三/蒋超

图3-41　客厅设计/蒋超

图3-42　客厅设计/张克非

透明水色颜料本身具有很强的透明性，色彩比较艳丽。因此，渲染的次数不能过多，最多两至三次。画时，应由浅入深，画浅了还可以加重，如果画过了就不好改了。上色时先画浅色的背景，再画深色的家具陈设。地面占比重多时，应该由地面开始向上画，顺序是：地面—墙面—天花板。因为地面控制着整个画面的色彩定向。整个着色过程一般一遍完成，局部可以两到三次，分层次进行。最后利用水粉颜料对重点部位进行细致刻画，直至完成。

三、喷绘效果图表现技法

以喷绘为主的效果图采用的是喷笔。喷笔大约兴起于20世纪60年代，多用于商品广告和商标的绘制，由外国传入中国，是科技发展的产物。当时各大美院都开此课。喷笔需要配合空气压缩机或压缩空气罐使用，口径在0.2～0.8mm之间，口径越大，喷出的面积就越大，价钱相对较高，在200～2000元，有国产和进口之分。用后要及时清洗，以免堵塞报废。与针管笔一样，喷笔里的针很重要，主要是用来调节气流的大小以及喷绘角度的大小，当然根据需要也可以按照型号来重新配备。与喷笔对应的纸，应该比较光滑，保证喷上去的颜料颗粒细腻均匀。比如纸版、铜版纸、卡纸都可以。喷笔画有专业颜料，是进口的，质量高、价钱高，也可以用一般的水彩、水粉、丙烯颜料代替。用时，应事先调好，再放到喷笔的漏斗里使用。这些颜料较差，应将其先放在浅碟中用手指研磨待沉淀后再用，以免颗粒堵塞。由于它易于掌握，画面效果逼真，深受业内人士喜爱，所以迅速传开。缺点就是速度较慢，一般配合水粉、水彩一起使用。

从图3-43、图3-44可以看出，面积较大的部位都是用喷笔完成的，极大地发挥了喷笔的优势，表现出来的柔和过度是用手绘所不能达到的。画图程序是先进行喷绘，喷完之后再用水粉进行勾线等深入刻画，喷画结合，优势互补，使画面达到逼真的效果。

图3-43　商场设计/杨凌云

图3-44　酒店大堂设计/郭雪梅

案例实战：

喷笔表现技法效果图1张，请大家在绘制过程中注意使用模板的遮挡。

四、彩色铅笔效果图表现技法

彩色铅笔在作画时，使用方法同普通用素描铅笔一样，但彩色铅笔进行的是色彩的叠加。彩色铅笔使用简单，易于掌握。它的笔法从容、独特，可利用颜色叠加，产生丰富的色彩变化，具有较强的艺术表现力和感染力，而且纸张不受限制，免去了裱纸等的许多时间。彩色铅笔有两种表现形式，一种是在线稿的基础上，直接用彩色铅笔上色，着色的规律，由浅渐深，用笔要有轻、重、缓、急的变化；另一种是水溶彩铅，利用它的覆盖特性，在已渲染的底子上对所要表现的内容进行刻画，也可画后用笔蘸清水轻轻涂抹，与水彩很相似，也有较强的表现力。

彩色铅笔的绘制过程应该说并不复杂，一般从大处着手，即先画顶棚、墙面等大面积色彩，然后刻画细部，下面以女士服装店这个例子进行讲解。

（1）起稿　用铅笔在草纸上起稿，然后拷贝到灰色康颂纸上，徒手勾出墨线稿。徒手勾稿时不要太快，线要走地平稳，并使自己逐渐进入画图状态。

（2）上色　用浅灰色马克笔将顶棚的暗部加重，亮部不用上色，直接保留纸的灰色。用彩色铅笔的白色将射灯照在墙面上光的范围画出来，如图3-45所示。

图3-45　国外彩色铅笔效果图作品表现步骤1

（3）刻画墙面　用橘黄色彩色铅笔轻涂墙面，涂时要注意深浅变化，局部可以用赭石色与橘黄色进行叠加，射灯照射的光圈用白色彩色铅笔涂饰，光照强的部位要用力，光照弱的部位可以稍轻，展示的衣服投影可用冷灰色轻涂，如图3-46所示。

图3-46　国外彩色铅笔效果图作品表现步骤2

（4）深入刻画　画出顶棚与收银台及隔断的大面积色彩，隔断墙与收银台台面及花、电脑要表现的稍重一些，来衬托墙面上的服装；将灯、服装等刻画出来，服装颜色纯度要高，以增加服饰店的气氛，最后整理完成，如图3-47所示。

图3-47　国外彩色铅笔效果图作品表现步骤3

图3-48 ～图3-50是卫生间效果图的最后整理阶段，先将大面积的色彩涂饰完成后，开始刻画金属、陶瓷的等质感（这个过程同我们前面学到的水粉底色法有些接近）。在这个过程里，笔尖要削得很尖，并且用力涂饰，才能达到理想的效果。

图3-48　浴室彩色铅笔效果图作品表现步骤1

图3-49　浴室彩色铅笔效果图作品表现步骤2

图3-50　浴室彩色铅笔效果图表现步骤3

案例实战：

彩色铅笔表现技法效果图1张（A4图纸）。

五、手绘综合表现技法

综合表现技法顾名思义，就是各类技法的综合运用。它建立在对各种技法的深入了解和熟练掌握的基础上，其具体运作及各种技法的结合与衔接，可根据画面内容和效果，以及个人喜好和熟练程度来决定。充分发挥各种绘画的特点，扬长避短的综合描绘技法能画出较深入完整的优秀作品。可以是两种绘画的结合，也可以是多种绘画的结合，如水彩与水粉，透明色和马克笔，喷绘与水粉等笔者本人习惯在透明水色的基础上，用水溶性彩色铅笔进行细致、深入地刻画，在高光、反光和个别需要提亮的地方，采用水粉加以表现，利用各自颜料的性能特点和优势，使画面效果更加丰富、完美。

案例一：小型餐厨空间绘制步骤

① 起稿。用铅笔在草纸上起稿，稿要细致，空间结构与家具等物体都要画出来，然后拷贝到铜版纸上，徒手勾出墨线稿。

② 上色。选择黄灰色马克笔，用垂直笔触画出家具的底色，平涂就可以，但要注意吊柜、落地橱柜、储物柜、餐桌等木材的色彩差别。然后用黑色与深褐色马克笔将踢脚与餐桌木纹画出来；用灰色马克笔画出地面投影，并将桌上装饰用花及花瓶画出，用白色彩铅笔画出桌面反光，用赭石色彩色铅笔将储物柜及橱柜木纹刻画出来，如图3-51、图3-52所示。

③ 深入刻画。将瓷砖与台面石材的底色铺上，并用彩色铅笔刻画瓷砖纹理与台面花岗岩纹理，直至完成，如图3-53、图3-54所示。

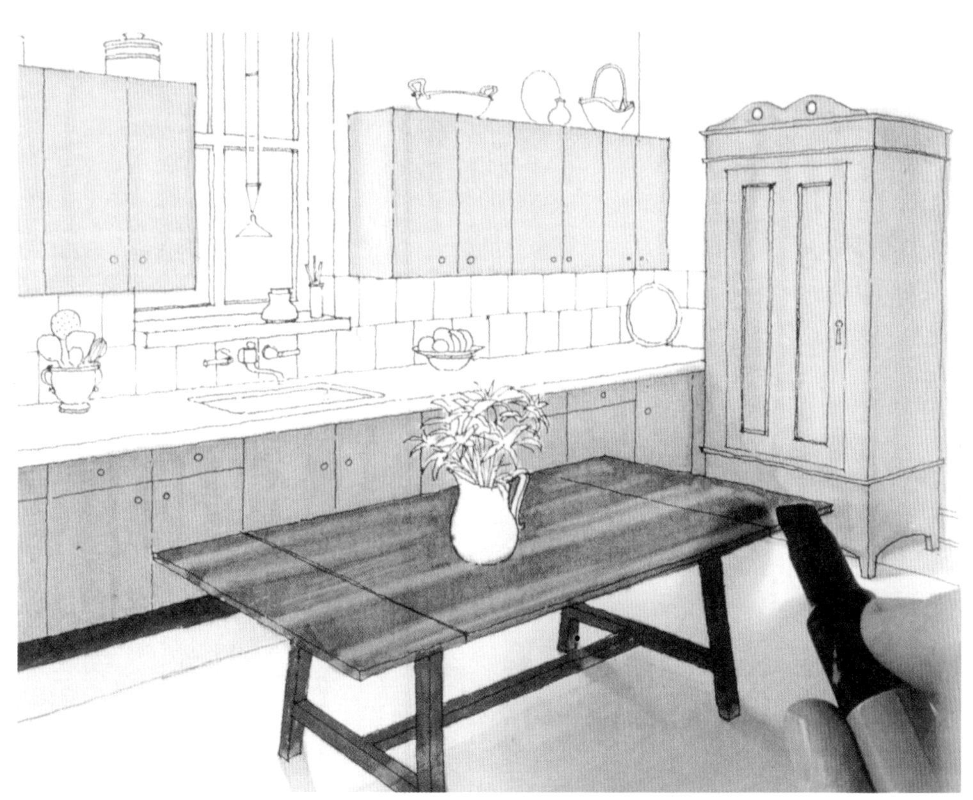

图3-51　国外综合技法效果图作品表现步骤一

图3-52　国外综合技法效果图作品表现步骤二

图3-53 国外综合技法效果图作品表现步骤三

图3-54 国外综合技法效果图作品表现步骤四

案例二：别墅客厅空间绘制步骤

① 起稿。用铅笔在草纸上起稿，稿要细致，空间结构与家具等物体都要画出来，然后拷贝到灰色康颂纸上，徒手勾出墨线稿，如图3-55所示。

图3-55 国外客厅综合技法效果图作品表现步骤1

② 马克笔铺底色。用浅灰色马克笔铺顶棚、近处家具与壁炉附近石材及装饰画、花瓶等的底色，过渡非常自然，而且局部还留出底色，如图3-56、图3-57所示。

③ 彩色铅笔深入刻画。用彩色铅笔刻画物体及顶棚的细部，并且注意色彩变化。用白色彩色铅笔画出石材的亮部，用黑色彩色铅笔细致刻画灯具、铸铁工具等，直至完成，如图3-58、图3-59所示。

图3-56　国外客厅综合技法效果图作品表现步骤2

图3-57　国外客厅综合技法效果图作品表现步骤2

图3-58　国外客厅综合技法效果图作品表现步骤3

图3-59　国外客厅综合技法效果图作品表现步骤3

本章知识要点：本章是学习手绘效果图的重点环节，学生学习本章内容后，能够基本掌握快速表现效果图的表现方法和要领，为以后的学习和工作打下良好的基础。

一、效果图快速表现简述

效果图快速表现被很多方案设计师所采用，来表达设计创意，一般用马克笔或彩色铅笔来画图，它们最大的特点是方便快捷，不用调和，可谓“一气呵成”。画好一张完整的设计创意效果图，既提高了着色过程的工作效率，又表现了设计者思维的过程。

二、效果图快速表现要领

一幅优秀的快速表现图作品本身也是一幅好的装饰品。在画时应该注意表现以下方面。

① 创意性，体现在思维和空间形态方面的想像力。

② 偶发性，把预想向现实靠拢，是想像通向现实的形态的桥梁，并促使思路的展开，产生更新的形态。

③ 真实性，通过色彩、质感的表现和艺术刻画，达到室内环境的真实效果。

④ 说明性，能较正确地让观者了解到室内空间环境在一定气氛下所产生的效果。

⑤ 完整性，注意整体关系的谐调，在同一的色调、统一的环境气氛和构图之下，可以进行细部刻画，还应着重立体感和质感表现。

图4-1 ～图4-4是设计师与房主交流时的快速表现图作品，A4幅面，虽然不算完美，但是却是交流的同时完成的方案，上面还有材料标注，这就是快速表现的作用与魅力。设计师抓住了快速表现的要领，即创意性、偶发性、真实性、说明性、完整性。

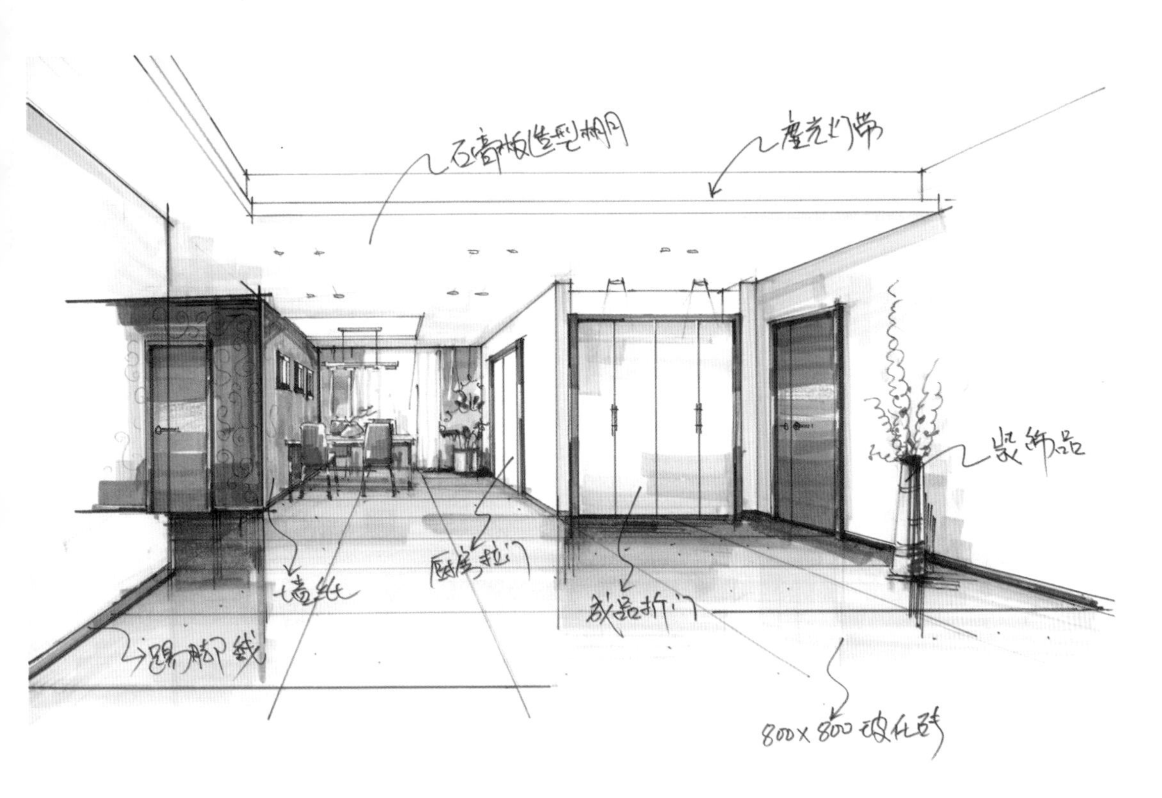

图4-1　居室装饰设计/廉久伟

图4-2　居室装饰设计/廉久伟

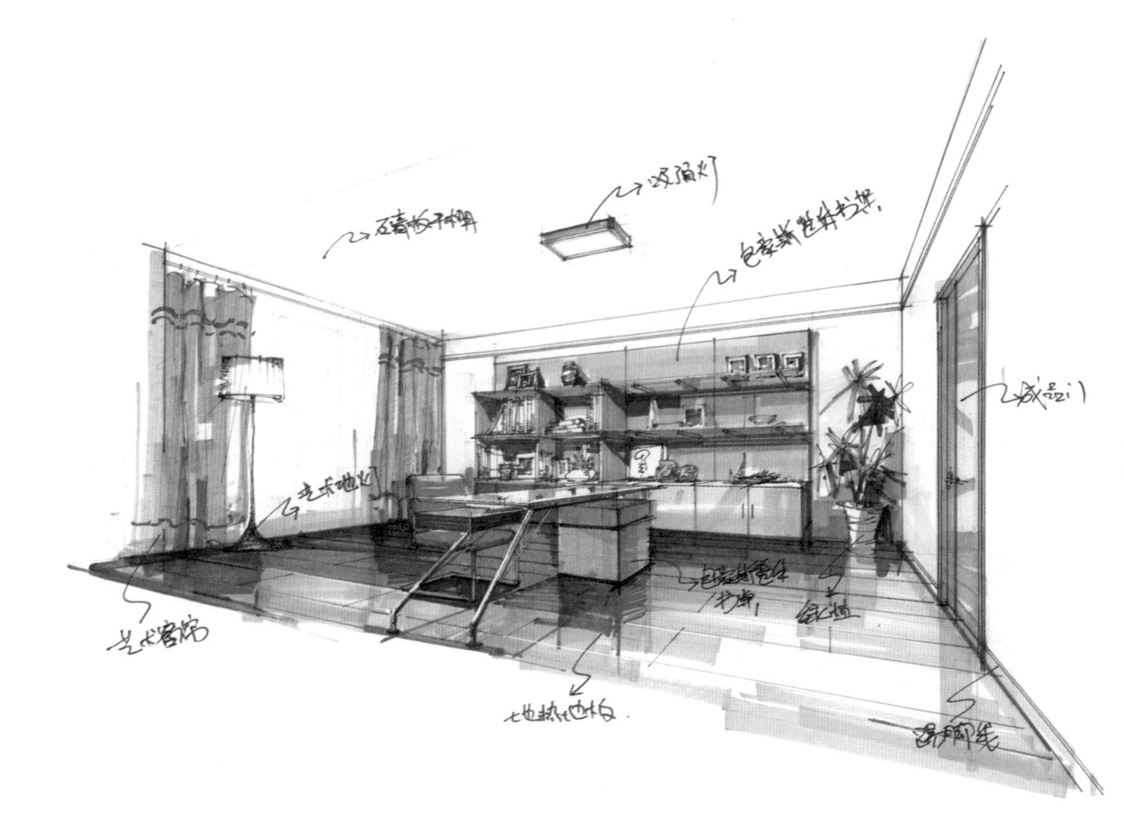

图4-3　居室装饰设计/廉久伟

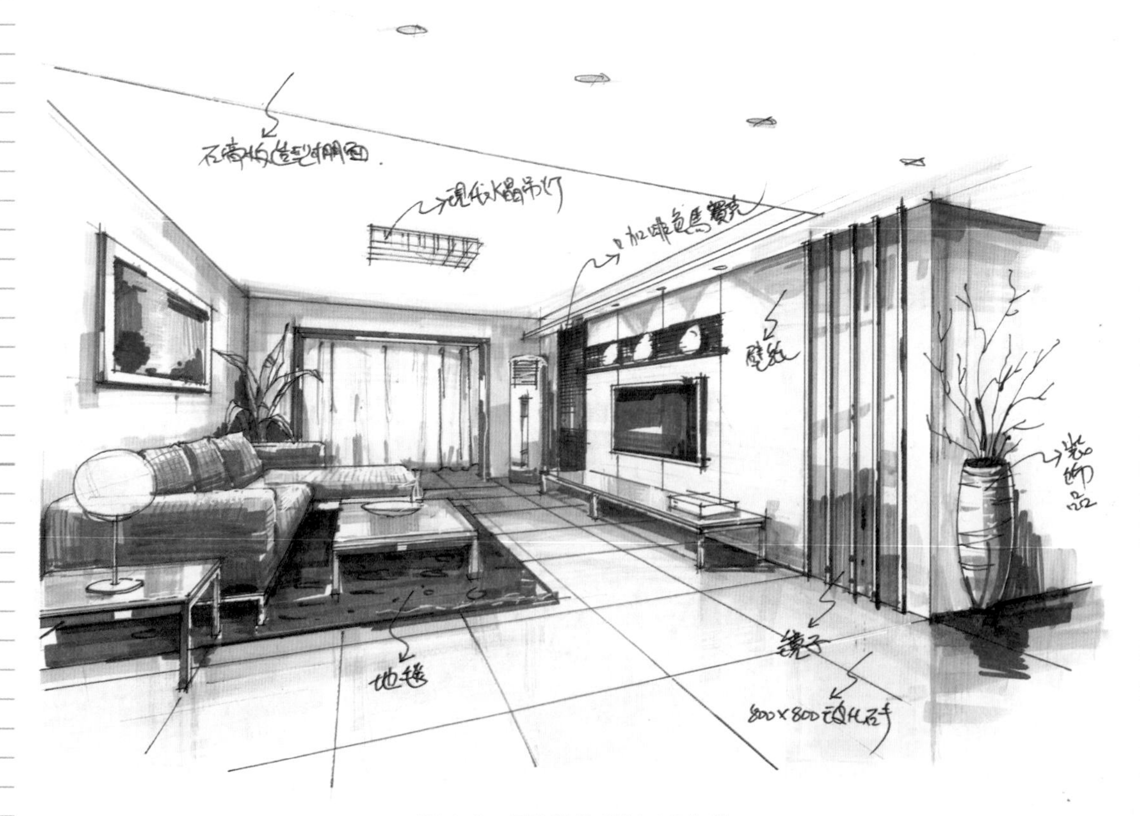

图4-4　居室装饰设计/廉久伟

三、效果图快速表现的方法及步骤

1. 构思阶段

确定目标和范围。查阅相关资料并对资料予以比较，而后把握作画特点，打好腹稿，注意以视觉取胜，表现时要单纯概括。

图4-5　建筑设计/李江

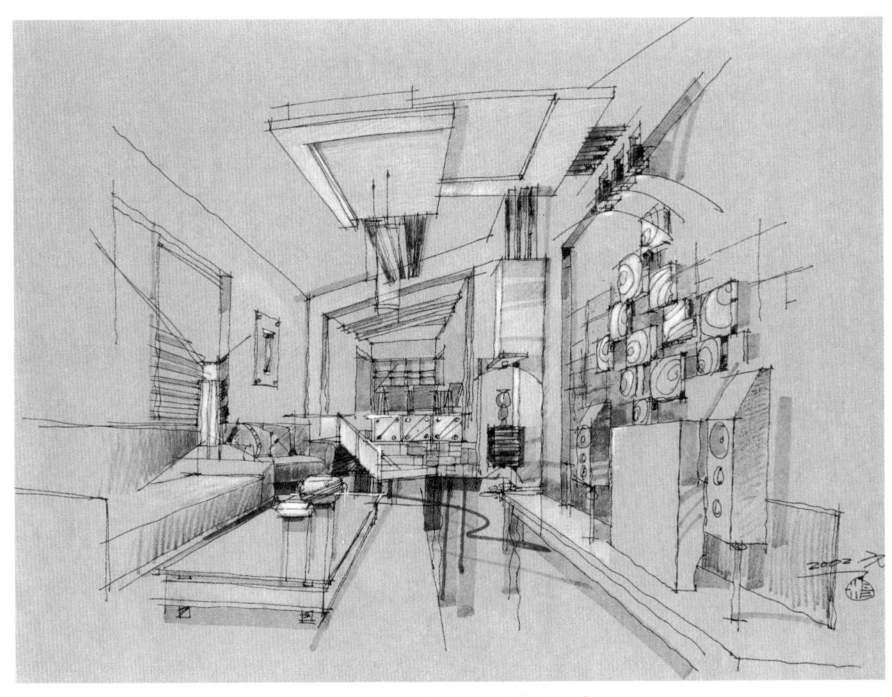

图4-6　居室装饰设计/杨建

2. 草稿阶段

作好稿前准备工具，如纸张、铅笔、勾线笔等而后考虑空间状态以及透视角度和构图，草图要简洁直观。

3. 色稿阶段

使用马克笔或彩色铅笔着色时，把握色彩气氛，对色调进行控制，色调要鲜明，有对比性，但色相不宜过多，保持和谐。

作为一名优秀的设计师，既要会长期的精细表现图，也要会快速表现图，俗话说“勤能补拙”，作为学生只要孜孜不倦地努力，坚持不懈，多画多想，就会成长为一名优秀的设计师。如图4-5～图4-10是几位优秀设计师的快速表现作品。

图4-7　居室装饰设计/杨建

图4-8　居室装饰设计/赵国斌

图4-9　售楼中心装饰设计/赵国斌

图4-10　别墅及景观设计/李江

本章练习题

请同学们结合本章所学的快速表现技法绘制一幅起居室效果图（四开纸张），在绘制的过程中应使用多种工具或颜料。

第五章　室内效果图综合表现技法

本章知识要点：通过本章的学习，可以使同学们全面的掌握马克笔与彩色铅笔，马克笔与水彩笔，水粉、水彩、喷绘等多种表现方法工具的综合运用与表现，更好地体现在效果图表现中的艺术语言。

一、马克笔与彩色铅笔的效果图表现形式

马克笔又称麦克笔，效果图和漫画专用，有单头和双头之分，能迅速的表达效果，是当前最主要的绘图工具之一，如图5-1所示。

图5-1　马克笔

1. 关于马克笔

（1）马克笔的分类　根据性质可分为水性马克笔和油性马克笔。油性麦克笔快干、耐水、而且耐光性相当好，颜色多次叠加不会伤纸，柔和。水性马克笔则是颜色亮丽、透明感强，但多次叠加颜色后会变灰，而且容易伤纸。如果用沾水的笔在上面涂抹的话，效果跟水彩一样。有些水性马克笔干掉之后会耐水。要去买马克笔时，一定要知道马克笔的属性和画出来的感觉才行。

（2）马克笔的品牌　有Copic（日本）、Sanford 三福（美国）、Prismacolor（美国）、Touch（韩国）、Marvy美辉（日本）、Stabilo天鹅（德国）、Chafford才德（中国上海）、AD marker（美国）

等。各种品牌的马克笔通常有暖灰、冷灰各一套，条件允许可全套购买，也可根据颜色间接型号购买，如CG1\CG3\CG5\CG7。

（3）马克笔的用途及特点　广泛应用于各个设计专业的手绘表现，相对于颜料类色彩，省去了调色的麻烦，且部分质量好的品牌色彩透明、耐光性好、笔触融合性强、干后色彩稳定，适用于画面的大面积上色、色彩材质表现、光影表现。

目前只是单一用马克笔来表现效果图已经不能满足需要，由于马克笔价格较贵，有时无法整套购买只能是购买常用的几只，结合其他绘图工具如彩色铅笔、水彩等多种表现形式，使效果达到最佳。现在我们先来介绍马克笔与彩色铅笔的综合表现方法。

（4）马克笔的基础技法

① 并置法，运用马克笔并列排出线条。

② 重叠法，运用马克笔组合同类色色彩，排出线条。

③ 叠彩法，运用马克笔组合不同的色彩，达到色彩变化，排出线条，如图5-2、图5-3所示。

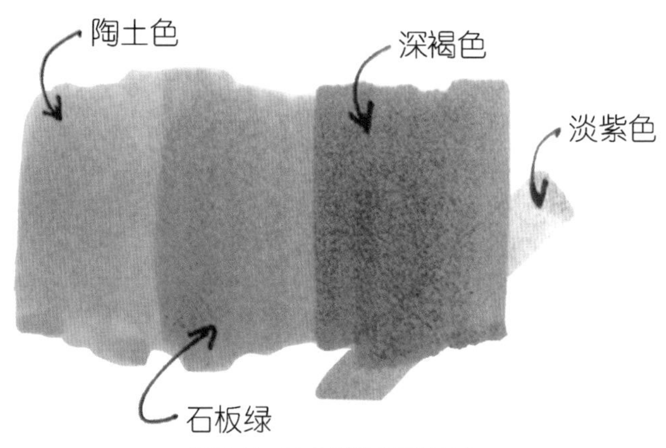

图5-2　马克笔的基础技法

图5-3　彩色铅笔排线法

马克笔一般常与钢笔线描相结合，用钢笔线条造型，用马克笔着色。马克笔色彩较为透明，通过笔触间的叠加可产生丰富的色彩变化，但不宜重复过多，否则将产生“脏”、“灰”等缺点。着色顺序先浅后深，力求简便，用笔帅气，力度较大，笔触明显，线条刚直，讲究留白，注重用笔的次序性，切忌用笔琐碎、零乱。

马克笔与彩色铅笔结合，可以将彩铅的细致着色与马克笔的粗犷笔风相结合，增强画面的立体效果。油性马克笔溶于甲苯，可用其进行修改。

在用纸方面，马克笔绘画中通常使用专用纸张，也常用较白、厚实、光滑的铜版纸。

2. 关于彩色铅笔

彩铅分为水溶性与蜡质两种。其中，水溶性彩铅较常用，它具有溶于水的特点，与水混合具有浸润感，也可用手指擦抹出柔和的效果。其特点主要表现在携带方便、易于表现、色彩丰富，如图5-4所示。

图5-4　彩色铅笔

（1）彩色铅笔表现方法

① 平涂排线法就是运用彩色铅笔均匀排列出铅笔线条，达到色彩一致的效果。

② 叠彩法就是运用彩色铅笔排列出不同色彩的铅笔线条，色彩可重叠使用，变化较丰富。

③ 水溶退晕法就是利用水溶性彩铅溶于水的特点，将彩铅线条与水融合，达到退晕的效果。

（2）彩色铅笔的绘制　彩色铅笔不宜大面积单色使用，否则画面会显得呆板、平淡，见图5-5。在实际绘制过程中，彩色铅笔往往与其他工具配合使用，如与钢笔线条结合，利用钢笔线条勾画空间轮廓，物体轮廓，运用彩色铅笔着色；与马克笔结合，运用马克笔铺设画面大色调，再用彩铅叠彩法深入刻画；与水彩结合，体现色彩退晕效果等。彩色铅笔有其特有的笔触，用笔轻快，线条感强，可徒手绘制，也有靠尺排线。绘制时注重虚实关系的处理和线条美感的体现，如图5-5所示。

图5-5　彩色铅笔描绘/于华蕾 指导王公民

3. 马克笔与彩色铅笔的综合表现方法

马克笔与彩色铅笔的综合表现过程大体分为五个阶段，主要包括：准备、草稿、正稿、上色和调整。

（1）准备阶段　一幅成功的渲染图，前期的准备必不可少。马克笔的一大优势就是方便、快捷，工具也不像水彩水粉那么复杂，有纸和笔就足够了。纸通常有两种：一种是普通的复印纸，用来起稿画草图，另一种是硫酸纸（A3），用来描正稿和上色。马克笔在硫酸纸上的效果不错，优点是有合理的半透明度，也可吸收一定的颜色，可以多次叠加来达到满意的效果。复印纸等白纸类的吸收颜色太快，不利于颜色之间的过渡，画出来的往往偏重，不宜做深入刻画，只适用于草图和色练习，如图5-6所示。

（2）草稿阶段　首先最好用铅笔起稿，再用钢笔把骨线勾勒出来，勾骨线的时候要放得开，不要拘谨，允许出现错误，因为马克笔可以帮你盖掉一些出现的错误，然后再用马克笔，马克笔也要放开，要敢画，要不然画出来很小气，没有张力。颜色最好是临摹实际的颜色，有的可以夸张，突出主题，使画面有冲击力，吸引人。颜色不要重叠太多，会使画面脏掉。必要的时候可以少量重叠，以达到更丰富的色彩。太艳丽的颜色不要用太多，如果要求画面的个性可以适当使用，但是要注意会收拾，把画面统一起来。马克笔没有的颜色可以用彩色铅笔补充，也可用彩色铅笔来缓和笔触的跳跃，不过还是提倡强调笔触。

（3）正稿阶段　这一阶段完全是基本功的体现，如何把混淆不清的线条区分开来，形成一幅主次分明、趣味性强的钢笔画。应该先从主体入手，用较粗的笔勾勒轮廓线，用笔尽量流畅，一气呵成，切忌对线条反复描摹，然后用较细的笔画前景的树和人物，最后用最细的笔画远景。先画前面的，后画后面的，避免不同的物体轮廓线交叉，在这个过程中边勾边上明暗调子，逐渐形成整体，前景中对比，中景强对比，背景弱对比。前景的人物刻画要准确传神，动态协调，背景人物基本上可以用点和面代替。如果对明暗调子把握不准的话，可以只对主体部分做少量的刻画，剩下的由马克笔来完成，马克笔的表现力也足以主宰画面。

（4）上色阶段　上色是最关键的一步，用重色刻画暗部和阴影，几次重叠以后，预想的效果基本就达到了。这一过程也是经验积累的过程，哪些颜色叠加到一起能产生好的效果必须要记住，随时做记录，以便下次画相同的场景时驾轻就熟，事半功倍，很多颜色忌重叠，如补色，很容易画脏画乱，不好修改。

一个基本的原则是由浅入深，在作画过程中时刻把整体放在第一位，不要对局部过度深入，而忽略整体效果。

（5）调整　这个阶段主要对局部做些修改，统一色调，对物体的质感做深入刻画。到这一步需要彩铅的介入，作为对马克笔的补充，彩铅修改是必不可少。只要遵循这个步骤一张好的效果表现图就画好了，如图5-7所示。

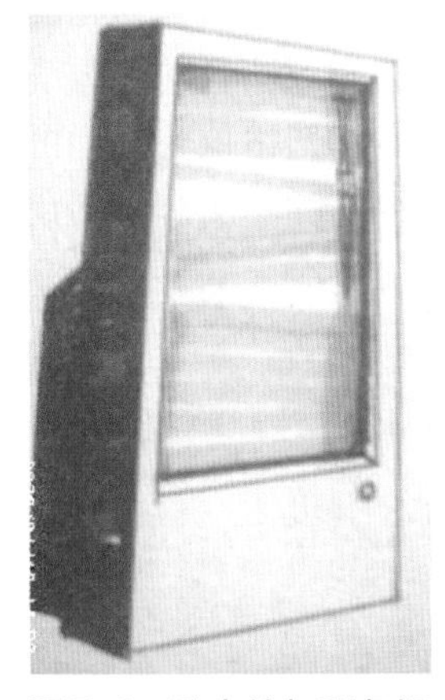

图5-6　马克笔与彩色铅笔的综合表现方法（一）

图5-7　马克笔与彩色铅笔的综合表现方法（二）

二、马克笔与水彩的效果图表现形式

1. 水彩

水彩具有透明性好，色彩淡雅细腻，色调明快的特点。水彩技法着色一般由浅到深，亮部和高光需预先留出，绘制时要注意笔端含水量的控制。水分太多，会使画面水迹斑驳，色彩灰色；水分太少，色彩枯涩，透明感降低，影响画面清晰，明快的感觉。这与水性马克笔特点相同。

此外，画笔笔触的体现也是丰富画面的关键。运用提、按、拖、扫、摆、点等多种手法，可使画面笔触效果趣味横生。

渲染是水彩表现的基本技法，它包括平涂法、叠加法和退晕法。平涂法即调配同种色水彩颜料，大面积均匀着色的技法。要点：注意水分的控制，运笔速度快慢一致，用力均匀。叠加法即在平涂的基础上按照明暗光影的变化规律，重叠不同种类色彩的技法。要点：水彩的叠加要待前一遍颜色干透再叠加上去。退晕法即通过在水彩颜料调配时对水分的控制，达到色彩渐变效果的技法。要点：体现出色彩的渐变层次，不留下明显的笔痕。

2. 水彩渲染程序

① 清洗画面：用浅土黄水洗图。

② 渲染底色：不同材料、不同部位用不同底色。底色应有微弱退晕，底色作为高光色。

③ 渲染天空：可用叠加法，可用清水开始，从明到暗，从地面到天空。接近地面部分用红、黄带有暖色的颜色，接近天顶时加紫色或群青。

④ 渲染建筑、建筑周围环境（建筑群及地面）：将建筑群与主体拉开距离。渲染主体建筑，渲染阴影。

⑤ 调整建筑与天空的明暗关系。

⑥ 刻画建筑的细部。

⑦ 渲染配景、树丛和地面、水面等。远处树丛可以先画，可再加最后一遍天空，使远景与天空融合。

⑧ 调整天空和建筑后，画汽车、街道设施、人物、近处树木、草丛。

使用水彩要充分发挥水彩透明、淡雅的特点，使画面润泽而有生气。上色水彩画在作图过程中必须注意控制好物体的边界线，不能让颜色出界，以免影响形体结构。留白的地方先计划好，按照由浅入深，由薄到厚的方法上色，先湿画后干画，先虚后实，始终保持画面的清洁。色彩重叠的次数不要过多，否则色彩将失去透明感和润泽感而变得模糊不清。最后用马克笔进行局部调整，已达到理想效果，如图5-8与图5-9所示。

图5-8　水彩与马克笔的表现方法（一）

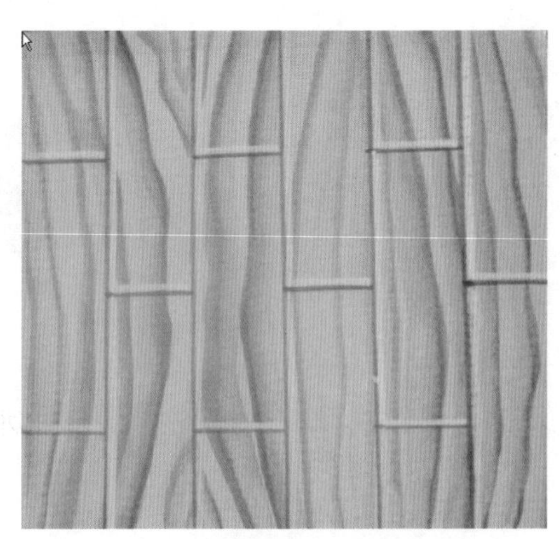

图5-9　水彩与马克笔的表现方法（二）

三、水粉、水彩、喷绘的综合表现技法

1. 水粉

水粉在表现的过程中突出的特点是：色彩饱和、浑厚，作图便捷，表现力强，明暗层次丰富，且能层层覆盖，便于修改，能深入地塑造空间形象，逼真地表现对象，获得理想的画面效果。水粉薄涂有轻快透明效果，调色时要加入较多的水分，颜料稀薄，宜表现远景和暗景。

（1）基本技法

① 平涂法：调色饱和，从上到下或从左到右用力依次均匀平涂。

② 退晕法：先调出要退晕的色彩，以一色平涂逐渐加入另一种色，让色块自然过渡。

③ 笔触法：调出色彩，用弹性较好的笔画出具有方向性的笔触。

（2）绘制方法　首先拷贝和裱纸时不要损伤画面，如果直接用铅笔起稿，线条要轻，尽量少用橡皮，以免影响着色效果：上色时，先整体后局部，控制画面的整体色调，一般先画深色，后画浅色，色彩要有透气感、不沉闷，大面积宜薄画，局部细节可厚涂，暗面尽量少加或不加白色，亮面和灰色面可适当增加白色的分量，以增加色彩的覆盖能力，丰富画面的色彩层次；水粉颜色调配的次数不要太多，否则色彩会变灰、变脏，颜色失去倾向。如果画脏必须洗掉，重新上色时可厚些。水粉颜色干湿差异大，要注意体会，总结经验。尽可能地慎用玫瑰红和白色。玫瑰红是很容易反色上来的颜色，而且很难盖掉。

2. 喷绘技法

喷绘是利用空气压缩机把有色颜料喷到画面上的作画方法，是一种现代化的艺术表现手段。喷绘具有其他工具所难以达到的特殊效果，如色彩颗粒细腻柔和，光线处理变化微妙，材质表现生动逼真等，应很好地掌握它，如图5-10所示。

（1）基本技法训练

① 点的喷法。在实际的练习中要牢固掌握喷点的位置及点形状的大小，注意喷量和距离的控制，当距离不变而喷量增加时则点颜色变重，反之当距离不变喷量减少时则点的颜色变淡；如果喷量不变距离增加点的颜色变淡，喷量不变距离减小点的颜色则重。

② 线的喷法练习。掌握喷线的位置及图样的形状，注意喷量、距离和速度的控制。在实际操作练习中，通常要使用槽尺来做辅助工具，能保持线条的匀称和流畅。有时也采取遮挡的方法来需求一条细而又变化多端的线，这时要调整喷笔的喷量的不断变化才能达到这种效果。

③ 面的喷法练习。在练习中要掌握均匀喷面和渐变喷面。注意喷量、距离和速度均匀变化的控制。尤其是要很好的结合遮挡的方法来进行喷绘，从一个角均匀的向外逐渐喷绘，为了达到更加匀称的效果，通常在掌握喷笔的时候要匀称的左右晃动。

④ 模板遮挡技术。模板遮挡是为了喷出所需要的图形。用来作遮挡模板的材料很多，纸、尺子、胶片，甚至连自己的手都可以用上。常用模板一般有以下几种。

纸板：寻找方便，容易制作，但不能反复使用。

胶片：材料透明，容易制作，不吸水，不变形，可反复使用。

遮挡膜：一般为进口，遮挡效果好，但价格较贵。其使用方法是把遮挡膜贴在需要遮挡的部位，用刻刀按图形轻轻滑过，用力不可太重，刻透膜即可。正负膜都要保存好，要喷绘

图5-10 喷绘表现效果/王公民临摹

的地方揭开遮挡膜对其喷色，每喷完一处就要将遮挡膜重新盖好，再依次喷绘其他部分。

（2）喷绘表现手法 喷绘表现效果逼真，明暗过渡柔和，色彩渐变自然，退晕效果好。在喷绘过程中要注意以下要点。首先做好准备工作，检查喷笔是否能正常喷水和控制其喷量，模板是否遮挡好；其次进行调色喷绘，调制颜色水分不能太多，宜稍稠些，并且要调均匀，如有杂质和颗粒应除去，以免堵塞喷笔；正式喷绘前，应在废旧纸上先试喷，调试好喷量、距离和速度后即可正式喷；最后，应灵活应用模板遮挡技术，如有的直边可用直尺代替就没有必要再制模板；把尺的一头抬起喷绘时，喷样就会有虚实变化，很适合表现舞厅的灯光等。

水粉、水彩、喷绘的综合表现在很多效果图中结合使用，使表达效果更丰富。

根据各种表现技法不同的特点，一张效果图可以有多种表现形式，各种技法扬长避短以达到效果图的最佳效果。一般来讲，透明水色适合大面积涂色，因为颜色本身比较薄，有很好的透明度，但不宜过重，绘画遍数不宜过多；水粉色覆盖力好，能充分地表现物体的光感、质感，刻画细致容易修改；水彩色的水溶性好和覆盖力介于水粉色和透明水色之间，需要有很好的绘画技巧，程序感强，绘制细致，如图5-11所示。

就工具而言，喷笔技法不适合大面积的平涂渲染，而在刻画色彩的退晕、材料高光、灯光带、增强空间层次等方面有很强的优势；马克笔、彩色铅笔适合刻画物体的暗部、阴影和物体的质感，如石材、树木的纹理。不一定每一张效果图技法都一样，根据室内设计特点、功能不同，在技法上也可有一定侧重，以表现不同的室内空间气氛，如图5-12所示。

总之，制作效果表现图的目的是为了更好地表现建筑，表达设计师的设计意图，至于选用哪种表现手法，就依各人掌握的程度和喜好而定，使用哪种技法来表现是没有固定的模式的。

图5-11　客厅水粉表现效果/于华蕾　指导王公民

图5-12　水彩水粉综合表现/王公民

本章练习题

1. 简要介绍水彩色在效果图表现中技巧。

2. 在综合表现技法中如何正确运用水粉、水彩、喷绘的综合表现技法。

3. 制作一幅住宅餐室（含厨房）或商业餐厅的效果图（采用水彩效果图技法或马克笔效果图技法或彩色铅笔效果图技法，任选一种，或结合使用均可）。

要求：

① 自行对家具摆设、立面造型进行设计。

② 空间尺度合理，比例关系准确。

③ 透视角度选择合理，透视准确。

④ 画面协调，注重整体气氛的营造，色彩运用及材质表现恰当。

⑤ A3纸张大小。

第六章　室内效果图电脑表现技法

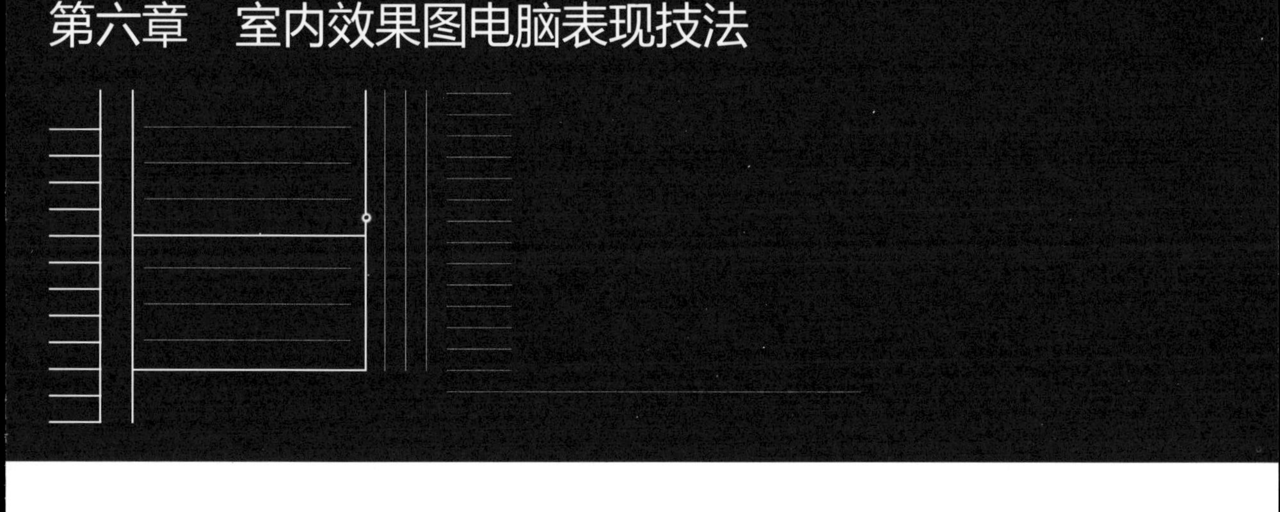

本章知识要点：学习AutoCAD软件的具体操作，设计完成平面图、立面图、施工图的设计与制作；

学习3ds Max软件在室内效果图场景中，如何建模、材质的编辑、灯光、渲染等技巧。

学习lightscape软件的在效果图渲染过程中的具体使用。

重点学习3ds Max软件在绘制建筑装饰效果图中的操作知识、操作技巧及在室内设计领域中的用途，绘制室内设计部件及局部和整体效果图。

第一节　电脑效果图概述

近年来，计算机辅助设计技术迅速发展，它在很大程度上改变了传统工程设计领域的境况，从而也大大提高了设计者的工作效率，同时由于其自身特点以及计算机硬件换代和图形、图像软件的开发速度越来越快，使计算机绘图成为目前各个设计领域的主要途径。虽然计算机绘图的制作过程也是人为的制作过程，但从绘图的媒介和表现过程同传统的绘图工具方法有了本质的区别。在建筑室内设计领域，电脑表现图以其对空间尺度的精确表达，对各种装饰材料的写实性表现，特别是对光影变幻的真实再现以及对室内环境真实性准确、直观等效果的表现具有绝对的优势，很受广大业主的青睐，同时电脑绘图取代了过去繁重重复的手工劳动，使设计师们摆脱图板，把更多的精力放在方案的比较和创作上，更加提高了绘图的准确性和科学性，从而提高了效率和质量，在一定程度上计算机表现图增加了投标的中标率。因此计算机作为这个时代处理事物的强有力工具很快被人们所认知，特别是近几年来电脑图形、图像技术在设计领域的应用得到了广泛的普及，计算机辅助设计表现图成为了一种时尚。

一、电脑效果图的定义

电脑效果图作为一种建筑画种，实际上就是用计算机进行效果图的创作。作为一张电脑室内效果图应该主要表现的建筑室内环境、质感、效果由设计师用计算机来绘制完成。

用来绘制电脑效果图的硬件设备应该有输入设备、输出设备和处理设备三类。用来制作室内效果图的软件设备有平面图形、图形处理和三维建模及模型渲染等几类。平面图形、图形处理软件实际上就是一套电脑的绘图工具，把传统的画笔和图板改成计算机操作。而三维建模及模型渲染软件则是根据设计师创作的效果图要素，把其空间、材质、灯光、配景等，用计算机模拟出一个真实的具有透视角度的效果图。

二、电脑效果图的作图步骤

1. 建模

建模是电脑效果图的第一步，就是用空间的基本元素（点、线、面）来构筑建筑物的造型和空间。图形表现物体的方式有二维图形和三维图形两种类型，二维图形是用物体的投影来表现它，这样能够完整的表达出物体的信息，同时要配上多个角度的视图来描述物体，而大多数业主希望看到的是不是用抽象的空间表现形式来表现的图像，而是用计算机手段表现出的具象的空间形式。目前在计算机上普遍使用的建模平台软件有AutoCAD、3DS、3DS Max、3D Studio VIZ等，针对室内电脑效果图的软件开发的越来越多，其功能也越来越强大，无论使用哪一种专业软件建模都能够快速生成设计者所需要的实体模型。

2. 渲染

通过前面把室内的模型建好，接下来最重要的工序是（也就是手绘中的透视图完成后准备上色前）渲染，英文为Render，也有的把它称为着色，是效果图的最后一道工序(当然，除了后期制作)，也是最终使图像符合3D场景的阶段。首先必须定位室内三维场景中的摄像机，选择好视角，这和真实的摄影是一样的。一般来说，三维软件已经提供了四个默认的摄像机，那就是软件中四个主要的窗口，分为顶视图（top视图）、正视图（front视图）、侧视图（left视图）和透视图（perspective视图）。大多数情况下，透视图是我们的渲染视图，透视图的摄像机基本上是遵循真实摄像机的原理，虚拟出真实的三维世界，具有很强的立体感。为了体现出空间的真实感，渲染程序要做一些“特殊”的工作，就是决定哪些物体在前面、哪些物体在后面和哪些物体被遮挡等。但是空间感仅通过物体的遮挡关系是不能完美再现的，但很多初学三维的人往往只注意立体感的塑造而忽略了空间感，而空间感和光源的衰减、空间的色彩层次、冷暖、贴图、光感、透明度、环境雾、景深效果等都是有着密切联系的。

渲染程序通过摄像机界定了需要渲染的范围之后，就要计算光源对物体的影响，这和真实世界的情况又是一样的。光源的设置是渲染时的重要步骤，否则，我们是看不到透视图中的着色效果的，更不要说渲染了，大多数三维软件都有默认的光源。渲染程序就是要计算我们在场景中添加的每一个光源对物体的影响。和真实世界中光源不同的是，渲染程序往往要计算大量的辅助光源。在场景中，有的光源会照射空间中的所有物体，而有的光源只照射某个物体。还有就在贴图和光源设置中是使用深度贴图阴影还是使用光线追踪阴影，这大部分取决于在场景中是否使用了透明材质的物体计算光源投射出来的阴影。如果在光源中使用了面积光源，那么渲染程序还要计算一种特殊的阴影——软阴影（只能使用光线追踪）；如果场景中的光源使用了光源特效，渲染程序还将花费更多的系统资源来计算特效的结果，特别是体积光，也称为灯光雾，它会占用代量的系统资源等，大家在使用的时候一定要注意。最后渲染还要根据物体的材质来计算物体表面的颜色、材质的类型、属性等的不同，如由于纹理不同会产生各种不同的效果。当然这个并不是独立存在的，它必须和前面所说的光源结合起来。

渲染有多种软件，如：设计内容时利用的3DS、3DS Max、3D Studio VIZ软件本身，还有辅助软件（lightscape、vary等）。

3. 后期处理

后期处理是室内外效果图制作中的一项重要工作，一幅高质量的效果图离不开后期的加工与润色，对渲染后的效果图进行后期处理、添加配景、调整色调等操作，使其达到满意的效果。综合上述的内容，一张好的室内设计电脑效果图，不仅要有配置好的计算机和丰富的素材，同时与设计师个人的素质有很大的关系，这里面有设计师的审美、个性和艺术的成分，更重要的是其科学性、共性的成分。因此效果图的后期处理是能否最后成为成品至关重要的一步。

常用的软件有Adobe Photoshop CS 8.0或Adobe Photoshop CS4等。在运行环境应注意以下两个方面。

（1）硬件配置　Pentium兼容主流PC机，Intel Pentium 4；512MB以上内存；建议使用1024×768的分辨率，32位真彩色；独立显卡256MB；80G硬盘；三键鼠标。

（2）软件环境　Windows2000、Windows XP或Windows Vista操作系统；推荐使用的软件版本：AutoCAD 2006、3DS Max 8.0或3DS Max 9.0、Adobe Photoshop CS 8.0或Adobe Photoshop CS4、lightscape3.2或更高版本。

三、CAD软件介绍

AutoCAD（Auto Computer Aided Design）是美国Autodesk欧特克公司为微机上应用CAD技术而开发的绘图程序软件包，用于二维和三维设计和绘图的系统工具，绘图、详细绘制、设计文档和基本三维设计。用户可以使用它来创建、浏览、修改、管理、打印、输出和共享设计图形。由于AutoCAD具有良好的用户界面，如图6-1所示，通过直观的交互菜单或命令行方式便可以进行各种操作。使用者在不断实践的过程中如果能够更好地掌握它的各种应用和开发技巧，可以迅速提高绘图工作效率。AutoCAD现已经成为国际上广为流行的绘图工具。.dwg文件格式成为二维绘图的事实标准格式。

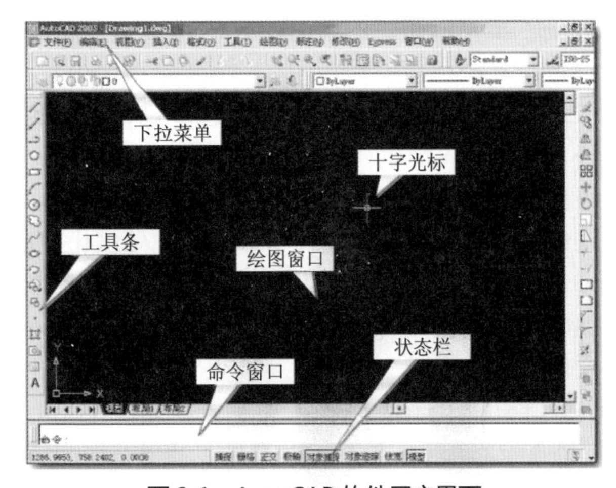

图6-1　AutoCAD软件用户界面

AutoCAD软件具有如下特点：

① 具有完善的图形绘制功能；

② 有强大的图形编辑功能；

③ 可以采用多种方式进行二次开发或用户定制；

④ 可以进行多种图形格式的转换，具有较强的数据交换能力；

⑤ 支持多种硬件设备；

⑥ 支持多种操作平台；

⑦ 具有通用性、易用性。

适用于各类用户，从AutoCAD2000开始，该系统又增添了许多强大的功能，如AutoCAD设计中心（ADC）、多文档设计环境（MDE）、Internet驱动、新的对象捕捉功能、增强的标注功能以及局部打开和局部加载的功能，从而使AutoCAD系统更加完善。

AutoCAD是目前使用最多和最流行的计算机辅助设计软件之一，以其强大的功能、简单快捷的操作方法在建筑、机械等领域广泛地应用，越来越多的用户在学习和研究它，随着更高版本的推出，功能越来越强大，为用户带来全新的体验。

学习方法如下。

① 基础很重要：学好AutoCAD需要有一定的制图基础。

② 学以致用，学习命令要和实际操作结合起来，不要只是停留在学习命令上，这也是编写本书主要遵循的原则。

③ 掌握技巧：在绘图过程中用户要学会使用功能键【F1】随时查找相关操作中出现的问题。

④ 学会观察命令行的提示。在AutoCAD中，不管以何种方式输入命令，命令行中都会提示下一步该怎样操作，用户只需要按照命令行的提示进行操作。

⑤ 学习各种绘图命令：无论是选择了某个菜单项，或是单击了某个工具按钮，都相当于执行了一个命令。

⑥ 尽量掌握每个命令的英文全称或缩写。如“直线”命令的英文名称是LINE，其缩写是“L”，表示直接输入“L”就是执行LINE命令。

⑦ 使用快捷键提高作图效率。

由于本书的内容要求在此只对AutoCAD软件的基本绘图、编辑命令和部分功能以及标注的操作做简要的介绍，其他技巧和功能不做赘述。对于三维绘图和渲染在AutoCAD不作介绍。

二维绘图命令是AutoCAD的基础部分，也是在实际中使用得最多的命令之一，因为任何一张无论简单还是复杂的二维图形，都是由一些点、线、圆、弧、椭圆等简单的图元组成。为此AutoCAD系统提供了一系列绘制基本图元的命令，利用这些命令的组合并通过一系列编辑命令的修改和补充，就可以让使用者轻松、方便地完成所需要的任何复杂的二维图形。当然要想快捷、准确、灵活的绘制图形，需要我们熟练掌握并理解绘图命令、编辑命令的使用方法和技巧，因此在本节中我们来学习二维绘图命令。如图6-2、图6-3所示。

（1）关于点的绘制

① 绘制点。在AutoCAD中，点通常用来辅助定位。我们可以绘制单点（point）、多点，也可以绘制等分点(divide)和等距点(measure)。在AutoCAD中，点的默认样式为小圆点

“•”。为了能清楚的看到点，在使用时要提前设置好点的大小和样式。

要改变点的大小和样式，可以执行以下操作。

步骤一、选择“格式”>“点样式”菜单，打开“点样式”对话框。如图6-4所示。

图6-2　AutoCAD【绘图】菜单　　图6-3　AutoCAD【绘图】工具栏　　图6-4　“点样式”对话框

步骤二、在“点样式”对话框中选择其中任一点样式，在“点大小”文本框中输入点的大小，默认为5.0000%。其中⊙相对于屏幕设置大小（R）和按绝对单位设置大小（A）决定了点的大小和控制方法。

步骤三、单击“点样式”对话框中的 确定 按钮，完成点样式和大小的设置。

② 绘制单点和多点。要绘制单点（一次命令绘制一个点）可以选择“绘图”>“点”>“单点”菜单，或在命令行中直接输入point命令，然后输入坐标或者直接在绘图窗口中确定点的位置。要绘制多点（一次命令绘制多个点）可以选择“绘图”>“点”>“多点”菜单，或单击“绘图”工具栏中的“点”工具 ，然后通过单击或输入坐标确定各点的位置，最后按【ESC】结束退出。

③ 绘制定数等分点是指在一定距离内按指定的数量绘制多个点，并且这些点之间的距离是均匀分布。绘制定数等分点可以选择“绘图”>“点”>“定数等分”菜单，或在命令行中直接输入“DIVIDE”命令，然后依次选择要定数等分的对象，并输入等分数即可。

如：绘制半径为200mm的圆，然后将圆10等分，具体操作步骤如下。

步骤一、单击“绘图”工具栏中的“圆” ，在绘图区中间位置单击确定圆形位置，输入“200”并按【Enter】键确定圆的半径。

步骤二、选择“格式”>“点样式”菜单，打开“点样式”对话框。如图6-4所示。

步骤三、在“点样式” 确定 对话框中选择其中“ + ”样式，在“点大小”文本框中输入点的大小为6，然后单击对话框中的按钮，完成点样式和大小的设置。

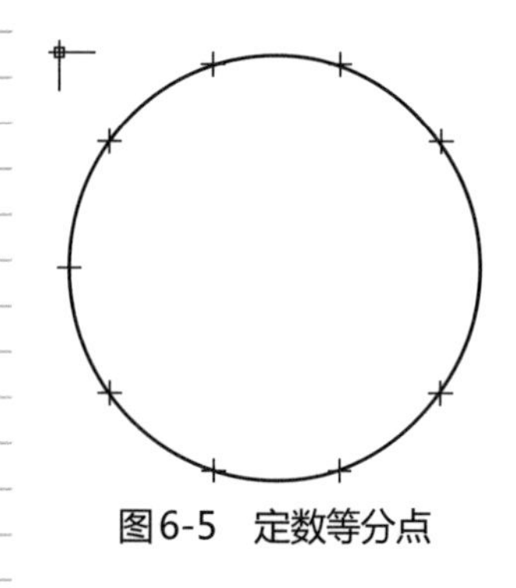

图6-5　定数等分点

步骤四、选择“绘图”>“点”>“定数等分”菜单，然后单击选择圆作为要定数等分的对象。

步骤五、在命令行中输入10并按【Enter】键确定，如图6-5所示。

④ 绘制定距等分。定距等分点是在指定对象上按指定的距离绘制点，要绘制定距等分点，可选择“绘图”>“点”>“定距等分”菜单，或在命令行中直接输入“MEASURE”命令，然后依次选择要定距等分的对象，并输入等分距离即可。

如图6-6所示为使用“定距等分”命令将线段AB从端点A开始，以每隔20mm为单位插入一点定距等分。

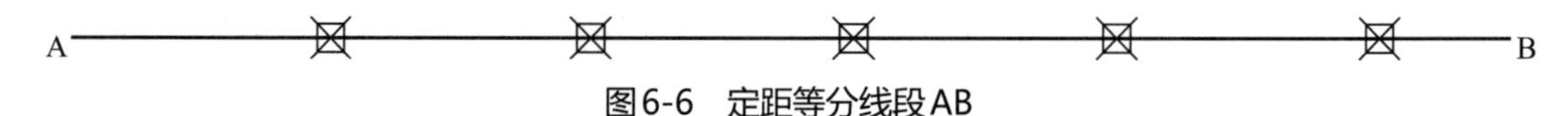

图6-6　定距等分线段AB

（2）绘制直线和构造线　直线是图形中最常用和最基本的图形元素之一，用户只要制定起点和终点即可绘制一条直线，构造线是没有起点和终点的无限长直线，常作为辅助线使用。

① 绘制直线。要绘制直线，可单击“绘图”工具栏中的“直线”工具，或选择“绘图”>“直线”菜单，或在命令行直接输入“LINE”命令。

注意：绘制直线时，可通过在命令行中输入【U】来撤销绘制的直线；输入【C】来封闭图形并结束画线命令；通过按【Enter】键来结束画线命令。

如：使用直线命令来绘制如图6-7所示的油烟机立面图，具体步骤如下。

步骤一、打开状态栏中的“极轴”、“对象捕捉”和“DYN”开关。

步骤二、单击“绘图”工具栏中的“直线”工具。

步骤三、在绘图区的左下方位置单击，确定直线的起点，然后向右移动光标，输入“900”并按【Enter】键确认直线的长度。

步骤四、向左上方移到光标，输入“444<141”并按【Enter】键确认这段直线的长度。

步骤五、向上方移到光标，输入“490”并按【Enter】键确认这段直线的长度。

步骤六、向左移到光标，输入“210”并按【Enter】键确认这段直线的长度。

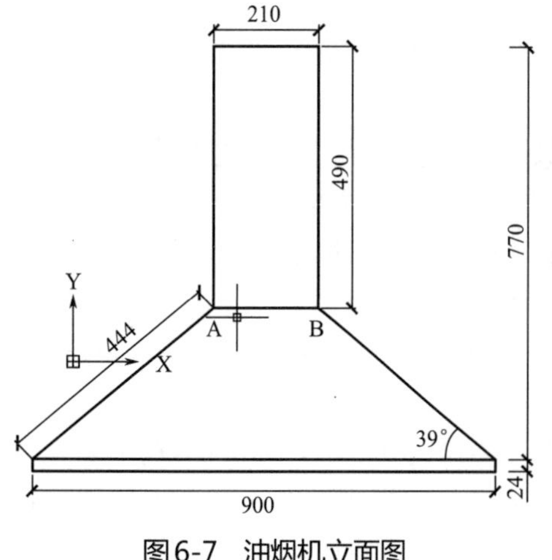

图6-7　油烟机立面图

步骤七、向右下方移到光标，输入“490”并按【Enter】键确认这段直线的长度。

步骤八、在命令行中输入【C】来封闭图形并结束画线命令。

步骤九、按【Enter】键重新执行直线命令，从图的左下方选区起点向下移动光标，输入“24”并按【Enter】键确认这段直线的长度；接着向右移动光标，输入“900”并按【Enter】键确认这段直线的长度再向上移动光标，输入“24”并按【Enter】键确认这段直线的长度。

步骤十、按【Enter】键重新执行直线命令，捕捉图6-7中A、B两点并单击，绘制直线AB。再次按

【Enter】键结束直线命令。

② 绘制构造线。构造线主要用作绘图的辅助线，图形绘制完后，应该将其删除，或使用“修改”工具栏中的“修剪”工具，修剪构造线使其成为图形的一部分。要绘制构造线，可单击“绘图”工具栏中的“构造线”工具，或选择“绘图”>“构造”菜单，或在命令行直接输入“XL”命令，执行命令后系统提示。如图6-8所示。

命令: _xline 指定点或 [水平(H)/垂直(V)/角度(A)/二等分(B)/偏移(O)]:

图6-8 系统提示

各选项的意义如下。

指定点：指定两点绘制构造线。

水平或垂直：创建一条经过指定点且与当前坐标系的X轴或Y轴平行的构造线。

角度：绘制与X轴正向（或参照线）成指定角度的构造线。

二等分：绘制平分指定角度的构造线，此时应依次指定角的顶点、起点和端点。

偏移：绘制与指定线相距指定距离的构造线，此时应首先输入偏移距离，然后选择直线或构造线。

③ 绘制矩形。在AutoCAD中用户可以绘制多种矩形，如倒角矩形、圆角矩形，并可以设置边线的宽度和厚度。绘制矩形，可以单击“绘图”工具栏中的“矩形”工具，或选择“绘图”>“矩形”菜单，或在命令行直接输入“RECTANG”命令，执行命令后系统提示。如图6-9所示。

指定第一个角点或 [倒角(C)/标高(E)/圆角(F)/厚度(T)/宽度(W)]:

图6-9 绘制矩形命令

各选项的意义如下。

指定第一角点：指定矩形的第一角点。

倒角/圆角：指定矩形倒角距离或圆角半径，以创建带有倒角或圆角的矩形。

标高：指定矩形所在平面的高度。原则上只有在三维视图中才能看到效果。

厚度和宽度：设置矩形的厚度和宽度。只有在三维视图中才能看到有厚度的矩形效果。指定矩形的第一角点后系统提示。如图6-10所示。

指定另一个角点或 [面积(A)/尺寸(D)/旋转(R)]:

图6-10 系统提示

各选项的意义如下。

指定另一角点：指定矩形的另一角点。

面积：指定矩形的面积，然后指定矩形的长度或宽度来创建矩形。

尺寸：通过指定矩形的长度和宽度来创建矩形。

旋转：指定矩形的旋转角度，然后再利用指定矩形对角点、面积或尺寸的方法来创建矩形。选择不同选项可以绘制各种矩形。如图6-11所示。

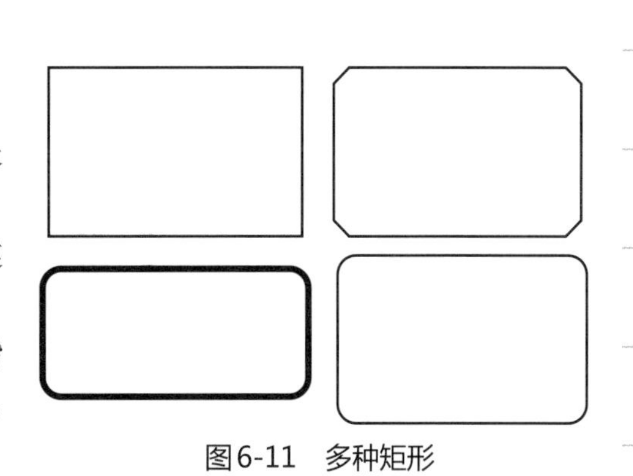

图6-11 多种矩形

④ 绘制圆和圆弧

a. 绘制圆：可选择“绘图”>“圆”菜单中的子菜单，或在命令行直接输入“C”命令，也可以直接单击“绘图”工具栏中的“圆”工具 ，系统提供了6种绘制圆的方法。如图6-12所示。

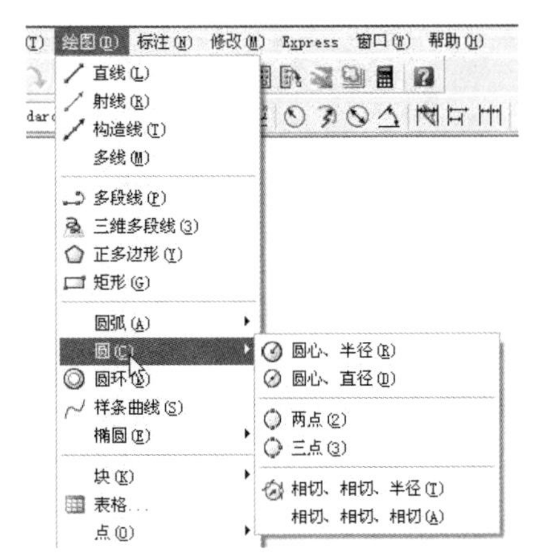

图6-12 绘制圆的下拉菜单及绘制过程

在绘制圆时应注意，使用两点画圆，两点是指任一直径的两端点；两端点的位置决定了圆的位置，两端点之间的距离决定了圆的直径。

b. 绘制圆弧：绘制圆弧，可以单击“绘图”工具栏中的“圆”工具 ，可选择“绘图”>“圆弧”菜单中的各子菜单，或在命令行直接输入“A”命令。默认情况下系统采用“三点”绘制圆弧，而“绘图”>“圆弧”菜单中的各子菜单项为用户提供了5大类绘制圆弧的方法。如图6-13所示。

三点(P)
起点、圆心、端点(S)
起点、圆心、角度(T)
起点、圆心、长度(A)
起点、端点、角度(N)
起点、端点、方向(D)
起点、端点、半径(R)
圆心、起点、端点(C)
圆心、起点、角度(E)
圆心、起点、长度(L)
继续(O)

图6-13 绘制圆弧5大类方法

具体的使用方法还需要在学习的过程中多操作、多练习。

⑤ 绘制椭圆和椭圆弧

a. 绘制椭圆：单击“绘图”工具栏中的“椭圆”工具 ，可选择“绘图”>“椭圆”菜单中的各子菜单，或在命令行直接输入“ELLIPSE”命令。而“绘图”>“圆弧”菜单中的各子菜单项为用户提供了两种绘制椭圆的方法。一种是指定椭圆圆心、一轴的端点以及另一轴的半轴长度来绘制；另一种是指定一轴的两个端点和另一轴的半轴长度来绘制。如图6-14所示。

在图6-14左侧的椭圆中O为圆心，A为椭圆一轴的端点，OB另一轴的半轴长度；右侧的椭圆中A为椭圆第一个轴的端点，B为椭圆的第二个端点，OC为另一轴的半轴长度。知道了以上的条件就可以绘制椭圆了。

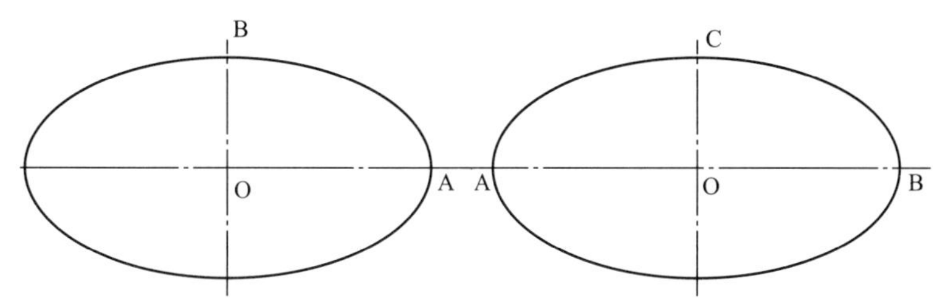

图6-14　绘制椭圆的方法

b. 绘制椭圆弧：可选择“绘图”>“椭圆”>“椭圆弧”菜单，或单击“绘图”工具栏中的“椭圆”工具 。绘制椭圆弧需要注意：首先要绘制一个椭圆母体，然后确定椭圆圆弧起始和终止角度，也可以指定起始角度和包含角度来创建椭圆弧。

⑥ 图案填充

在AutoCAD绘制图形时经常会遇到这种情况，需要使用某一种图案来充满某个指定区域，这个过程就叫作图案填充（Hatch）。图案填充经常用于表达对象的某种材料类型，从而增加了图形的可读性。要创建图案填充，一种是利用图案和渐变色对话框来创建图案填充，如图6-15所示；另一种是利用工具选项面板来创建图案填充，如图6-16所示。

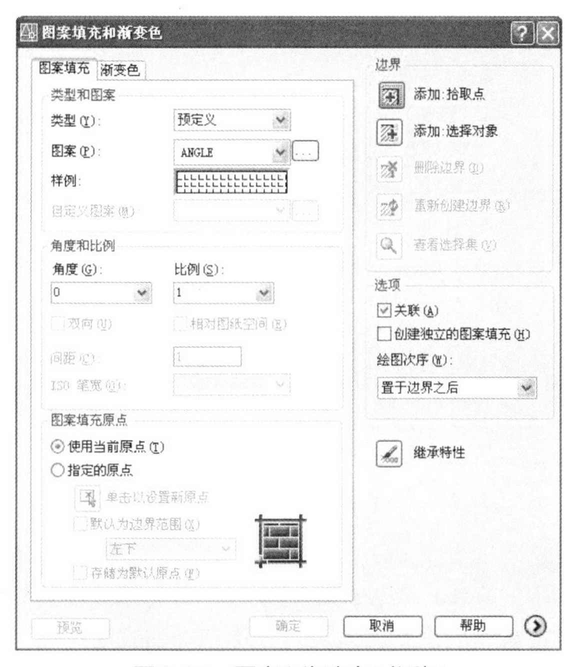

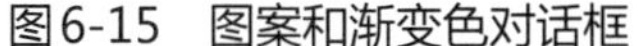

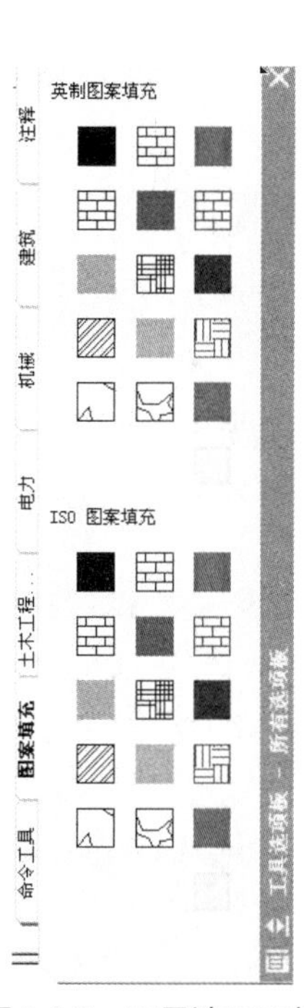

图6-15　图案和渐变色对话框　　图6-16　工具选项面板

选择工具栏中的“绘图”>“图案填充”，也可以在命令行直接输入“bhatch”（或别名bh、h）或者单击“绘图”工具栏中的“图案填充”工具 。

AutoCAD中的填充图案具有三种类型，在“Boundary Hatch（边界图案填充）”对话框的“Type（类型）”下拉列表框中给出了三种类型。

a.“Predefined（预定义）”：预定义填充图案是由AutoCAD系统提供的，包括80种填充图案（8种ANSI图案，14种ISO图案和58种其他预定义图案）。

选择“Predefined”项后，系统将在“Pattern（图案）”和“Swatch（样例）”下拉列表框中分别给出预定义填充图案的名称和相应的图案。用户也可单击“Pattern（图案）”下拉列表框右侧的按钮，弹出“Hatch Pattern Palette（填充图案调色板）”对话框来查看所有预定义的预览图像。

对于“Predefined”选项，用户还可以通过“Angle（角度）”和“Scale（比例）”项来改变填充图案的角度（相对于UCS的X轴）和比例大小，从而得到更多样式的图案。

如果用户选择了ISO类的预定义填充图案，则系统激活“ISO pen width（ISO笔宽）”下拉列表，来确定ISO图案的笔宽。

b.“User defined（用户定义）”：该类型是基于图形的当前线型创建的直线填充图案。选择“User defined”项后，用户可以通过“Angle（角度）”和“Spacing（间距）”项来控制用户定义图案中的角度和直线间距。

此外，选择该项后，开关“Double（双向）”将被激活。如果选择该开关，则将在用户定义的填充图案中绘制第二组直线，这些直线相对于初始直线成90°，从而构成交叉填充。注意：如果对一个具有关联性填充图案进行移动、旋转、缩放和分解等操作，该填充图案与原边界对象将不再具有关联性。如果对其进行复制或带有复制的镜像、阵列等操作，则该填充图案本身仍具有关联性，而其拷贝则不具有关联性。

由于AutoCAD中在实际的操作中会有详细地讲解，在本书中只对个别注意的细节进行描述。

第二节　二维编辑命令

根据上面知识的学习，已经可以进行基本的二维绘图，但是面对相对复杂的图形，需要更多的技巧和方法来提高绘图技能。AutoCAD2006充分考虑这些因素，针对实际的绘图需要设计了一些更简单易行的操作命令。在本节中将介绍部分二维绘图的高级技法。在学习过程中重点掌握阵列、镜像、偏移等绘图方法。

一、目标的选取方法和快速选择

1. 目标的选取方法

目标选择是进行绘图的一项最基本的操作，在设计绘图领域中常会遇到比较复杂的图形实体，若不使用合理的选择方式，将很难达到满意的效果。目标选择的方法有以下几种常用的方法。

方法一：

① 在任何命令的“选择对象”提示下，移动矩形拾取框光标以亮显要选择的对象。

② 单击对象，选定的对象将亮显。

③ 按ENTER键结束对象选择。

方法二：窗口选择方式（Window/Crossing）指定矩形选择区域

执行编辑命令后，输入“W”，按照命令提示绘制矩形框。指定对角点来定义矩形区域。

区域背景的颜色将更改，变成透明的。从第一点向对角点拖动光标的方向将确定选择的对象。窗口选择：从左向右拖动光标，以仅选择完全位于矩形区域中的对象，如图6-17所示。交叉选择：从左向右拖动光标，以选择矩形窗口包围的或相交的对象，如图6-18所示。使用“窗口选择”选择对象时要注意，通常整个对象都要包含在矩形选择区域中。如果含有非连续（虚线）线型的对象在视口中仅部分可见，并且此线型的所有可见矢量封闭在选择窗口内，则选定整个对象。

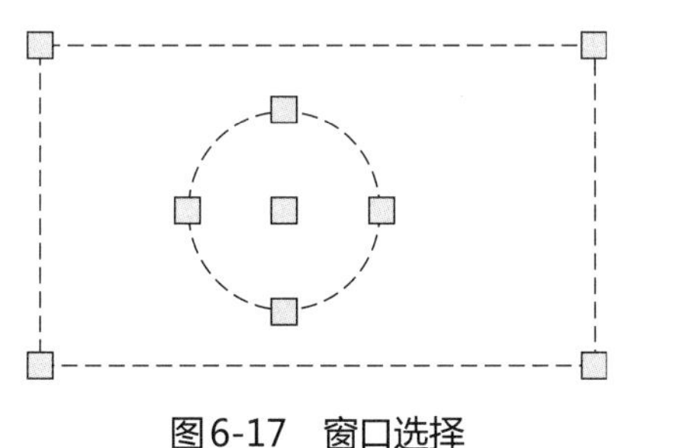

图6-17　窗口选择

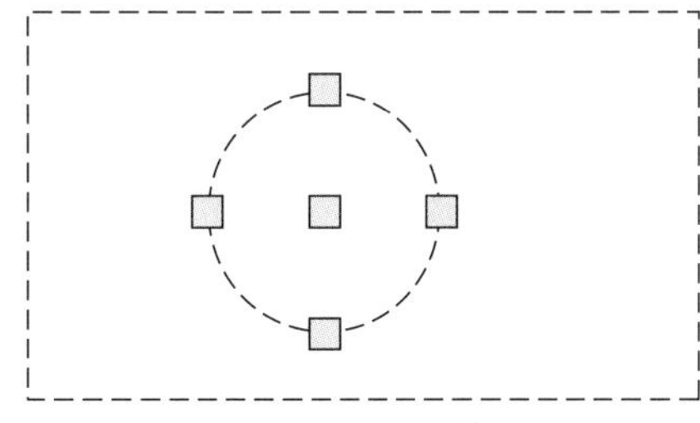

图6-18 交叉选择

方法三：指定不规则形状的选择区域

指定点来定义不规则形状区域。使用窗口多边形选择来选择完全封闭在选择区域中的对象。使用交叉多边形选择可以选择完全包含于或经过选择区域的对象。

2. 快速选择

选择工具栏中的“工具”>“快速选择”，如图6-19所示，也可以在命令行直接输入“QSELECT”命令根据实体所具有的属性来选择它。该命令常用于比较复杂的图形中选择对象。出现的对话框如图6-20所示。

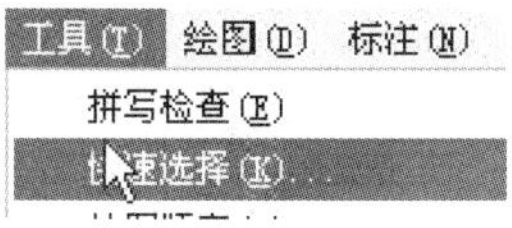

工具(T)　绘图(D)　标注(N)
拼写检查(E)
快速选择(K)...

图6-19　快速选择命令

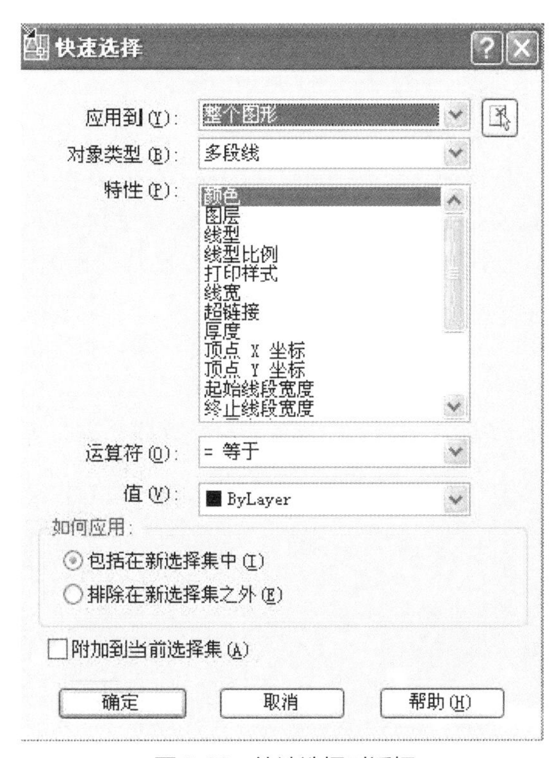

图6-20　快速选择对话框

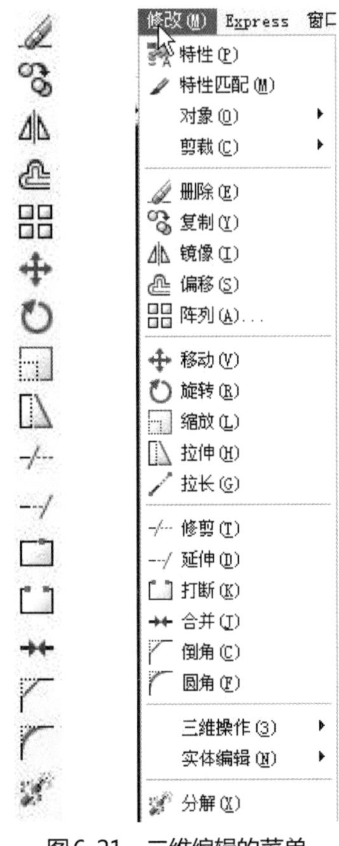

图6-21　二维编辑的菜单

二、图形的删除和恢复删除

图形的删除：选定对象后，按键盘上的【Delete】键；单击“修改”工具栏上的“删除”工具，或者在命令行中输入E（ERASE命令的缩写）命令并按【Enter】键，都可以删除选定对象，见图6-21二维编辑的菜单。

图形的恢复：单击标准工具栏的“放弃”工具，按【Ctrl+Z】快捷键，或者选择“编辑”>“放弃”菜单，均可以撤销最近一步删除的操作。

三、图形的镜像命令

使用镜像命令可以绘制出所选对象的对称图形，使用该命令时需要指出镜像的对称轴线，可以任意指定对称轴线的方向，在完成镜像操作前可删除或保留源对象。在建筑设计使用该命令可以方便绘制出对称的图形，如：门窗、墙体、室内布置等。

要执行该命令，可单击“修改”工具栏中的“复制”工具，选择“修改”>“镜像”菜单，或在命令行中直接输入MI命令。

四、图形的偏移命令（OFFSET）

使用偏移命令可以创建一个与选定对象类似的新对象，并将其放置在原对象的内侧或外侧。要执行偏移命令，可单击“修改”工具栏中的“偏移”工具，选择“修改”>“偏移”菜单，或在命令行中直接输入该命令。使用OFFSET命令应该注意以下几点。

① 只能偏移直线、圆、圆弧、椭圆、椭圆弧、多边形、二维多线段、构造线、射线和样条曲线，不能偏移点、多线、图块、属性和文本。

② 对于直线、射线、构造线等对象，将平行偏移复制，直线的长度保持。

③ 对于圆、圆弧、椭圆、椭圆弧等对象，偏移时将同心复制。

④ 多段线的偏移将逐段进行，各段长度将重新调整。各种对象偏移效果如图6-22所示。

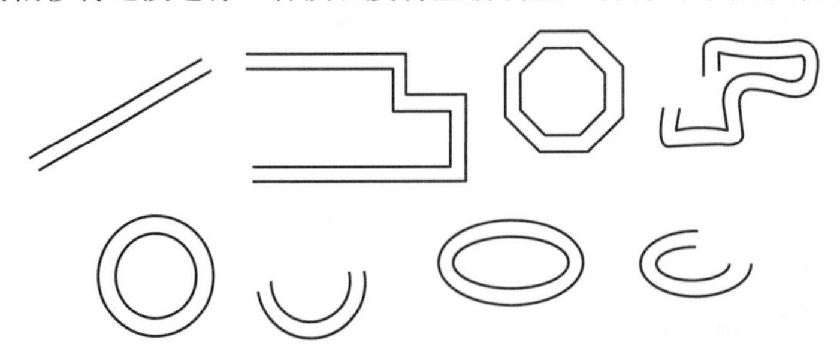

图6-22　偏移复制后前后的各种图形

五、图形的阵列命令（ARRAY）

使用阵列命令可以一次将所选择的实体复制为多个相同的实体，阵列后的对象并不是一个整体进行单独编辑。在AutoCAD中，阵列操作分为矩形和环形阵列两种。要执行阵列命令，可单击“修改”工具栏中的“阵列”工具，选择“修改”>“阵列”菜单，或在命令行中直接输入AR命令。

1. 矩形阵列

创建矩形阵列时可控制生成副本对象的行数和阵列，行间距和列间距以及阵列的旋转角度。控制面板如图6-23所示，矩形阵列效果如图6-24所示。

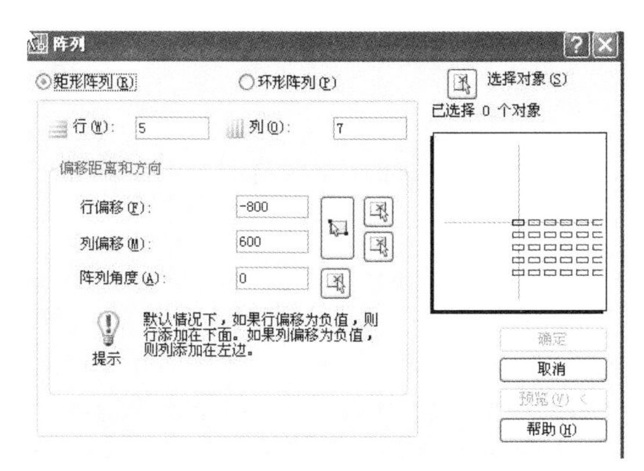

图6-23阵列面板

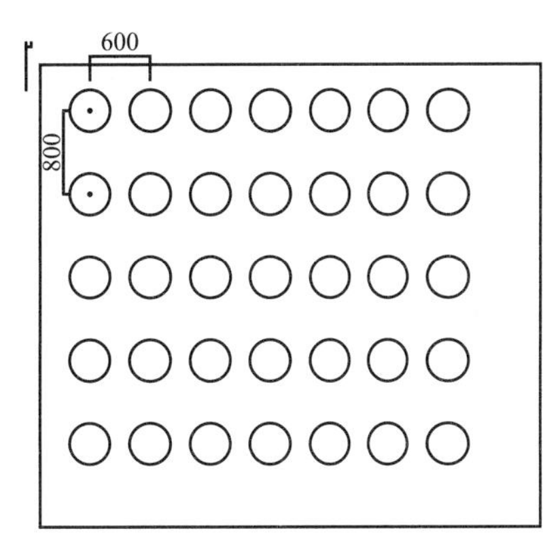

图6-24 矩形阵列后效果

2. 环形阵列

创建环形阵列时，可以控制生成的副本对象的数目，以及决定是否旋转对象。如使用环形阵列方式绘制图6-25所示的桌椅平面图，绘制步骤如下。

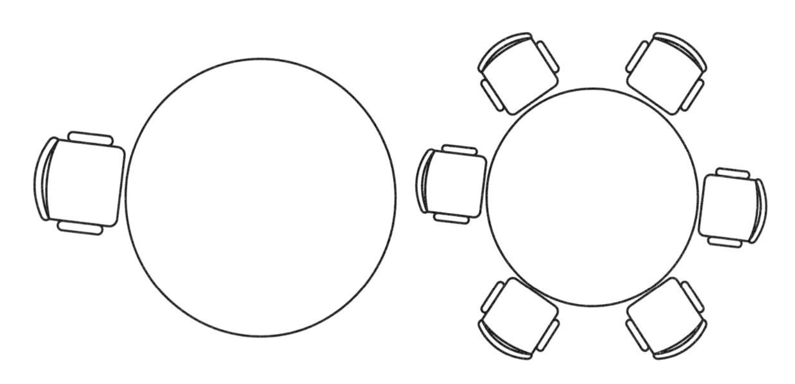

图6-25 使用环形阵列方式绘制前、后的平面图

步骤一、绘制一个圆形餐桌，然后绘制一把如图6-25的凳子。

步骤二、单击“修改”工具栏中的“阵列”工具，打开“阵列”对话框，在对话框中选中图6-23阵列面板中的 环形阵列(P) 单选钮。

步骤三、单击“中心点”右侧的“拾取中心点”按钮，返回绘图区，拾取图6-25左侧的图中所示的圆心，返回“阵列”对话框。

步骤四、在总数的文本框中输入“6”，设置环形阵列复制对象的个数为6，然后点击确定。最后的效果为图6-25右侧的图所示。

六、图形的移动命令（MOV3）

在AutoCAD中，使用移动命令可以移动二维或三维对象。在移动时对象的位置发生变化，但方向和大小不变。要执行移动命令，可单击“修改”工具栏中的“移动”工具✥，选择“修改”>“移动”菜单，或在命令行中直接输入M命令。移动的方法主要有基点法和相对位移法。

1. 基点法

是指使用由基点及第二点指定的距离和方向移动对象。如要使用移动命令将图形从当前坐标（0，0）点移动到坐标（-50，200）点。

2. 相对位移法

是指通过设置移动的相对位移量来移动对象。如要使用移动命令将图形沿X轴和Y轴正向均移动200个图形单位。

七、图形的旋转命令（ROTATE）

使用旋转命令可以精确地旋转一个或一组对象。要执行旋转命令，可单击“修改”工具栏中的“旋转”工具，选择“修改”>“旋转”菜单，或在命令行中直接输入RO命令。

通过学习本节的内容，读者应该了解和掌握AutoCAD中常用的图形编辑命令的使用方法和技巧，并能灵活运用各种联系来对对象进行移动、旋转、偏移、删除等操作。

第三节　图形的修改命令

一、比例缩放命令（SCALE）

使用比例缩放命令可以在X轴Y轴方向使用相同的比例因子缩放选择集，在不改变对象宽高比的情况下修改对象的尺寸。要执行缩放命令，可单击“修改”工具栏中的“缩放”工具，选择“修改”>“缩放”菜单，或在命令行中直接输入SC命令。

二、拉伸命令（STRETCH）

使用拉伸命令可以按指定方向和角度拉伸、压缩和移动对象。要执行拉伸命令，可单击“修改”工具栏中的“拉伸”工具，选择“修改”>“拉伸”菜单，或在命令行中直接输入S命令。

该命令可以拉伸线段、弧、多段线和古轨迹等实体，该命令不能拉伸圆、文本、块和点对象等。使用拉伸命令绘制如图6-26所示。

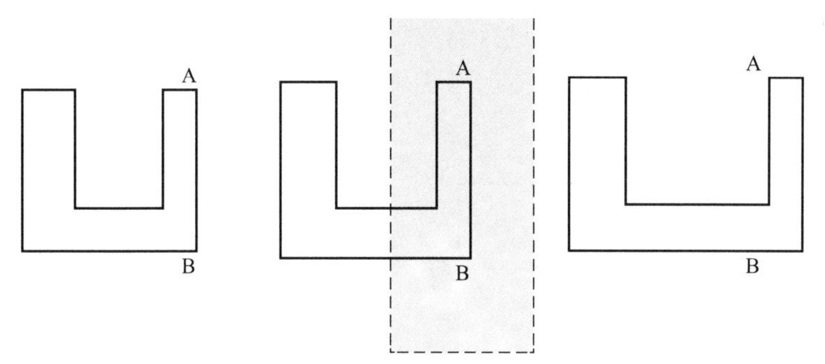

图6-26　使用拉伸命令绘制的拉伸图形

三、拉长命令（LENGTHEN）

要执行拉长命令，可单击“修改”工具栏中的“拉长”工具 拉长(G)，选择“修改”>“拉长”菜单，如图6-27，或在命令行中直接输入LEN命令。

图6-27　拉长菜单

四、修剪命令（TRIM）

修剪命令用于修剪对象，该命令首先选择修剪边界，然后再选择被修剪的对象。要执行修剪命令，可单击“修改”工具栏中的“修剪”工具，选择“修改”>“修剪”菜单或在命令行中直接输入TR命令。执行修剪命令后系统会给出相关提示，如图6-28所示。

1. 栏选/窗交

使用栏选或窗交方式选择对象，可以快速的一次修剪多个对象。

2. 边

选择修剪边的模式，在命令行中输入该选项并按【Enter】键，按系统提示将给出如图6-29提示。

```
命令: _trim
当前设置:投影=UCS, 边=无
选择剪切边...
选择对象或 <全部选择>:  找到 1 个
选择对象:
选择要修剪的对象, 或按住 Shift 键选择要延伸的对象, 或
[栏选(F)/窗交(C)/投影(P)/边(E)/删除(R)/放弃(U)]:
```

图6-28　修剪命令对话框

```
输入隐含边延伸模式 [延伸(E)/不延伸(N)] <不延伸>:
```

图6-29　修剪边的模式

其主要的含义是：

① 延伸：按延伸方式实现修剪。主要是指修剪边如果太短没有与被修剪物体相交，系

统会自动将虚拟延伸修剪边，然后再进行修剪。如图6-30所示。

② 不延伸：只按边的实际相交情况修剪对象。如将图6-31中左边的六边形修剪为六角星。

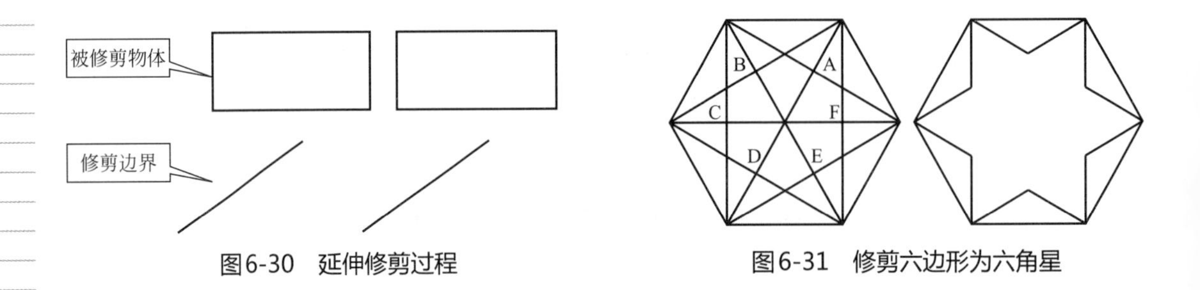

图6-30　延伸修剪过程

图6-31　修剪六边形为六角星

五、延伸命令（EXTEND）

延伸命令是可以把直线、弧和多段线等对象的端点延伸到指定的边界。要执行延伸命令，可单击“修改”工具栏中的“延伸”工具，选择“修改”>“延伸”菜单或在命令行中直接输入EX命令。

六、打断命令（BREAK）

使用打断命令可以将对象的指定两点间的部分删除掉，或将一个对象打断成两个具有同一端点的对象。要执行延伸命令，可单击“修改”工具栏中的“打断”工具，选择“修改”>“打断”菜单或在命令行中直接输入BR命令。

七、分解命令（EXPLODE）

使用分解命令可以将选择的对象分解成单个对象。要执行延伸命令，可单击“修改”工具栏中的“分解”工具，选择“修改”>“分解”菜单或在命令行中直接输入X命令。

通过学习本节的内容，读者应该了解和掌握AutoCAD中常用的图形修改命令的使用方法和技巧，并能灵活运用各种联系来对对象进行修剪、延伸、拉长、分解等操作。

第四节　图形的倒角命令及案例分析

一、倒角命令（CHAMFER）

可以对两个非平行的对象修倒角。要执行延伸命令，可单击“修改”工具栏中的“倒角”工具，选择“修改”>“倒角”菜单或在命令行中直接输入CHA命令。执行此命令

（修剪模式）当前倒角距离 1 = 0.0000，距离 2 = 0.0000

选择第一条直线或 [放弃(U)/多段线(P)/距离(D)/角度(A)/修剪(T)/方式(E)/多个(M)]:

图6-32　倒角命令对话框

系统会提示，如图6-32所示。

其主要选项的意义如下。

① 多段线：在二维多段线的直角边间修倒角。

② 距离：指定第一个和第二个倒角距离。

③ 角度：确定在第一个倒角距离和角度。

④ 修剪：设置倒角后是否保留源倒角边。

⑤ 方式：可在“距离”和“角度”两个选项之间选择一种倒角方式。

⑥ 多个：连续对多个对象进行倒角。

二、图形的圆角命令（FILLET）

与倒角命令相似，要圆角的两个对象位于同一个图层，圆角线位于该图层。否则圆角线将位于当前图层。要执行延伸命令，可单击“修改”工具栏中的“圆角”工具，选择“修改”>“圆角”菜单或在命令行中直接输入F令。执行此命令系统会提示，如图6-33所示。

选择第一个对象或 [放弃(U)/多段线(P)/半径(R)/修剪(T)/多个(M)]

图6-33　圆角命令对话框

其主要选项的意义如下。

① 多段线：在二维多段线的直角边间修圆角。

② 半径：设置圆角半径。

③ 修剪：修剪和延伸圆角对象。

结合以上两个命令以下面的实例进行说明。

如图6-34(a)所示，使用倒角和圆角命令将图中的AB和CD矩形进行圆角和倒角操作，圆角半径为100，倒角距离为100。结果如图6-34(c)所示。具体步骤如下。

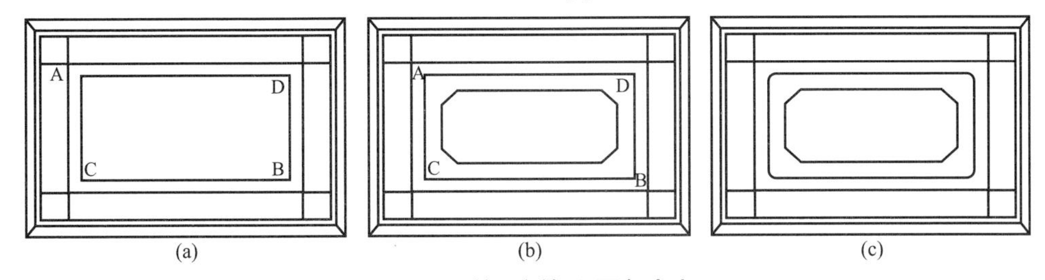

图6-34　使用倒角和圆角命令

步骤一、首先绘制倒角。单击“修改”工具栏中的“倒角”工具。

步骤二、在命令行中输入D后单击【Enter】，指定第一个倒角距离 <0.0000>，输入100后单击【Enter】，指定第一个倒角距离 <0.0000>: 100 指定第二个倒角距离 <100.0000>:，直接单击【Enter】。

步骤三、选择矩形CD中的四条直线，结果如图6-34(b)所示。

步骤四、单击“修改”工具栏中的“圆角”工具。

步骤五、在命令行中输入R后单击【Enter】，指定圆角半径 <0.0000>:，输入100后单击【Enter】，指定圆角半径 <0.0000>: 100 选择第一个对象或 [放弃(U)/多段线(P)/半径(R)/修剪(T)/多个(M)]:，直接单击【Enter】。

步骤六、选择矩形AB中的四条直线，结果如图6-34(c)所示。

三、案例分析

根据前面所讲的有关命令，现分步骤的分析图6-35的制作过程。

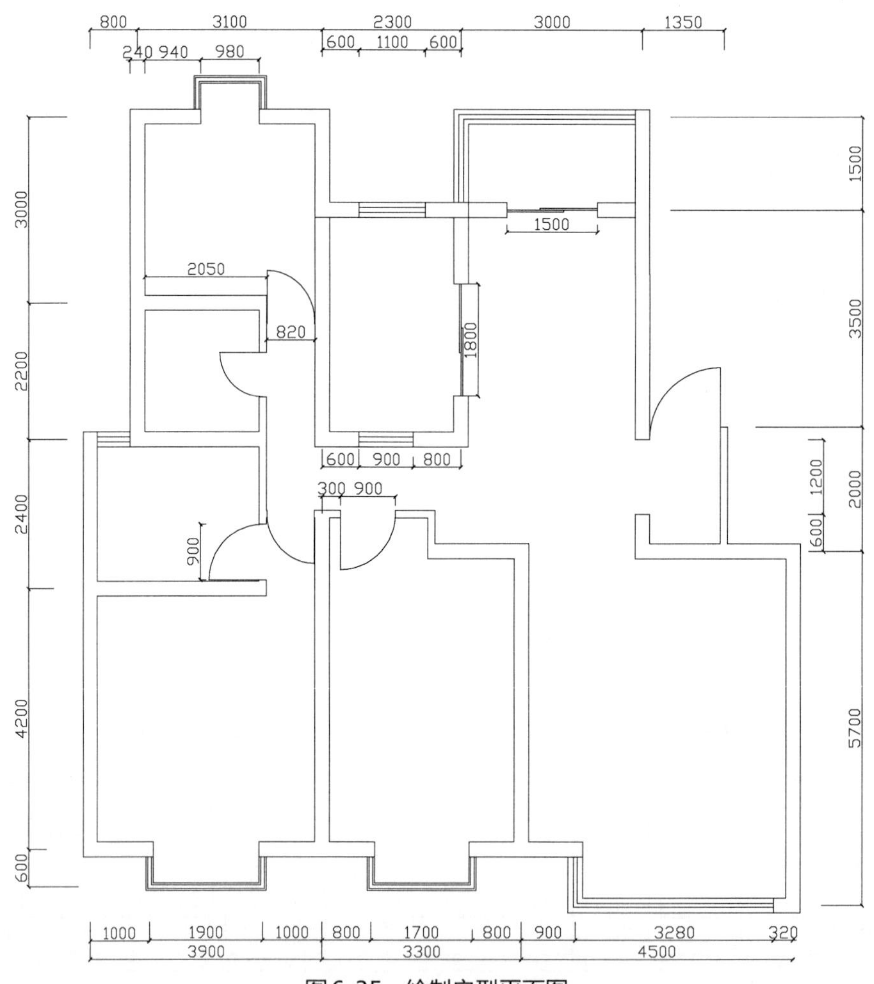

图6-35 绘制户型平面图

步骤一、首先打开AutoCAD2006中文版，新建一个作业文档，激活视图下端的“正交”按钮，在“格式”下拉菜单中“单位”按钮，设置“插入比例”为毫米。

步骤二、在“格式”下拉菜单中“图层”按钮，打开“图层特性管理器”，新建轴线图层，图层颜色为黄色，线型为ACAD_ISOO2W100，线宽为默认；新建墙体图层，图层颜色为黑色，线型为Continuous，线宽为默认；新建窗体图层，图层颜色为蓝色，线型为Continuous，线宽为默认；新建标注图层，图层颜色为红色，线型为Continuous，线宽为默认，如图6-36所示。

图层特性管理器
当前图层：轴线
全部
所有使用的图层
状 名称 开 冻结 锁定 颜色 线型 线宽 打印样式 打 说明
0 白色 Con…ous 默认
Defpoints 白色 Con…ous 默认
标注 红色 Con…ous 默认
窗户门 蓝色 Con…ous 默认
墙体 250 Con…ous 默认
轴线 黄色 ACA…100 默认
全部：显示了 6 个图层，共 6 个图层
反转过滤器(I)
指示正在使用的图层(U)
应用到图层工具栏(T)
确定
取消
应用(A)
帮助(H)

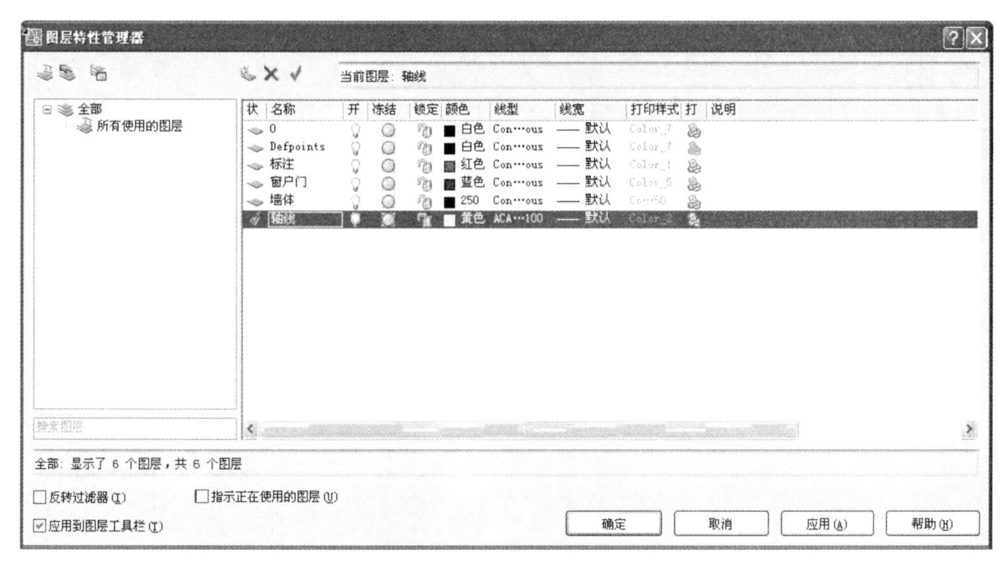

图6-36　图层管理器对话框

步骤三、把轴线图层设为当前层。在“绘图”工具栏内选择“构造线”绘图工具，在绘图区根据示例图绘制如图6-37所示的定位线图形框。

步骤四、把当前层设为墙体层，点击“绘图”菜单的下拉菜单中的“多线”命令，在命令行中设置如图6-38所示。

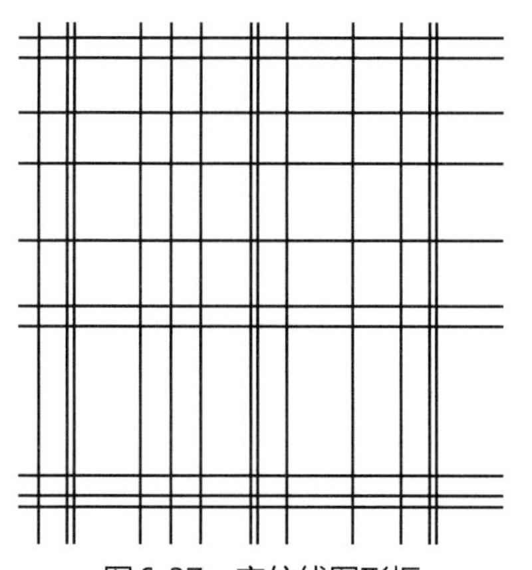

图6-37　定位线图形框

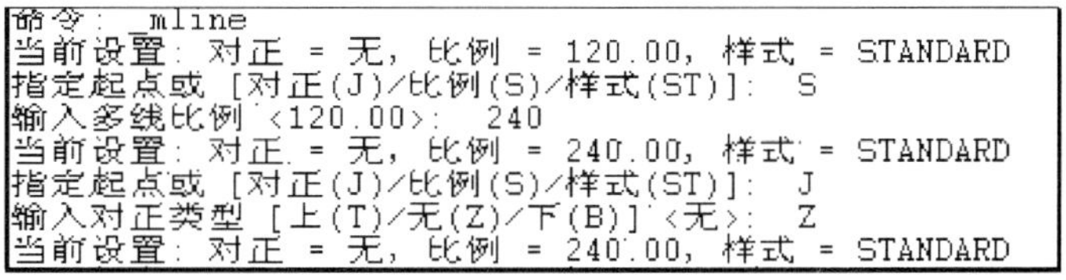

命令：_mline
当前设置：对正 = 无，比例 = 120.00，样式 = STANDARD
指定起点或 [对正(J)/比例(S)/样式(ST)]： S
输入多线比例 <120.00>： 240
当前设置：对正 = 无，比例 = 240.00，样式 = STANDARD
指定起点或 [对正(J)/比例(S)/样式(ST)]： J
输入对正类型 [上(T)/无(Z)/下(B)] <无>： Z
当前设置：对正 = 无，比例 = 240.00，样式 = STANDARD

图6-38　设置“多线”命令

步骤五、根据定位线绘制墙体线，绘制完成后使用“修改”>“对象”>“多线”，出现“多线编辑工具”命令根据实际选择修改工具，如图6-39所示。最后将部分多线使用“分解”命令分解，使用“修剪”命令对不能使用“多线编辑工具”命令修改的墙体线进行修剪。结果如图6-40所示。

步骤六、绘制门窗。把当前层设为窗户门图层，点击“绘图”>“圆弧”>“起点、端点、半径”命令，在命令行中显示的步骤，如图6-41所示。最后绘制出一卫生间的门，如图6-42所示。

步骤七、同样方法绘制其他房间的门。绘制推拉门使用“偏移”命令，如图6-43所示。

绘制窗户，最后绘制如图6-44所示结果。

步骤八、尺寸标注。使用“标注样式”工具，打开“标注样式管理器”对标注进行设置后，对图形进行绘制。最后绘制成结果如图6-45所示。

多线编辑工具
要使用工具，请单击图标。必须在选定工具之后执行对象选择。
多线编辑工具
十字闭合
T 形闭合
角点结合
单个剪切
十字打开
T 形打开
添加顶点
全部剪切
十字合并
T 形合并
删除顶点
全部接合
关闭(C)
帮助(H)

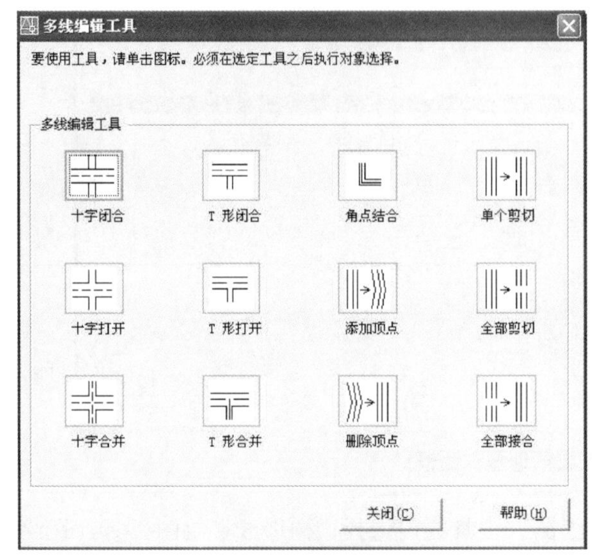

图6-39　多线编辑工具

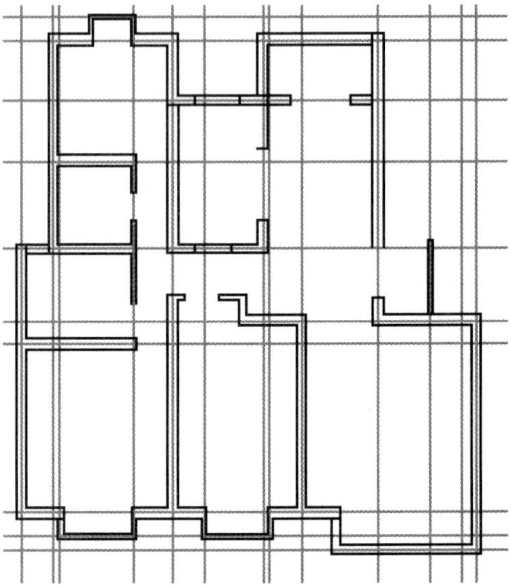

图6-40　修剪后的墙体图

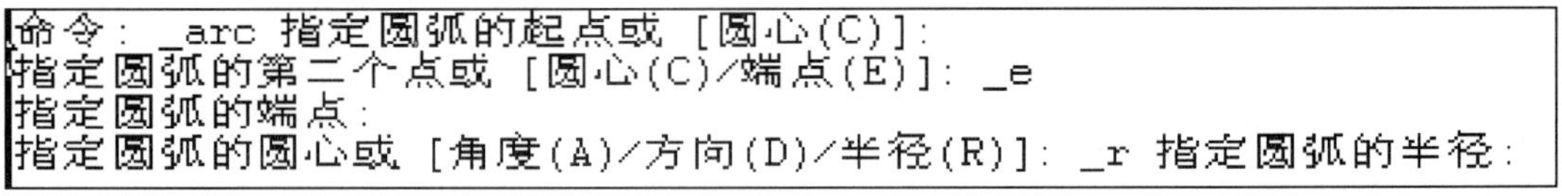

命令: _arc 指定圆弧的起点或 [圆心(C)]:
指定圆弧的第二个点或 [圆心(C)/端点(E)]: _e
指定圆弧的端点:
指定圆弧的圆心或 [角度(A)/方向(D)/半径(R)]: _r 指定圆弧的半径:

图6-41

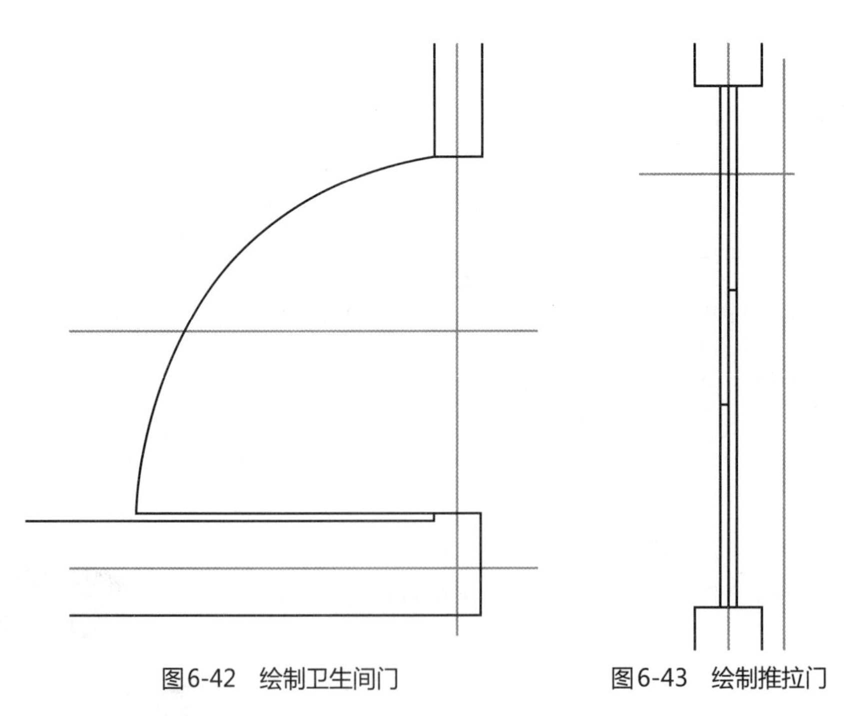

图6-42　绘制卫生间门

图6-43　绘制推拉门

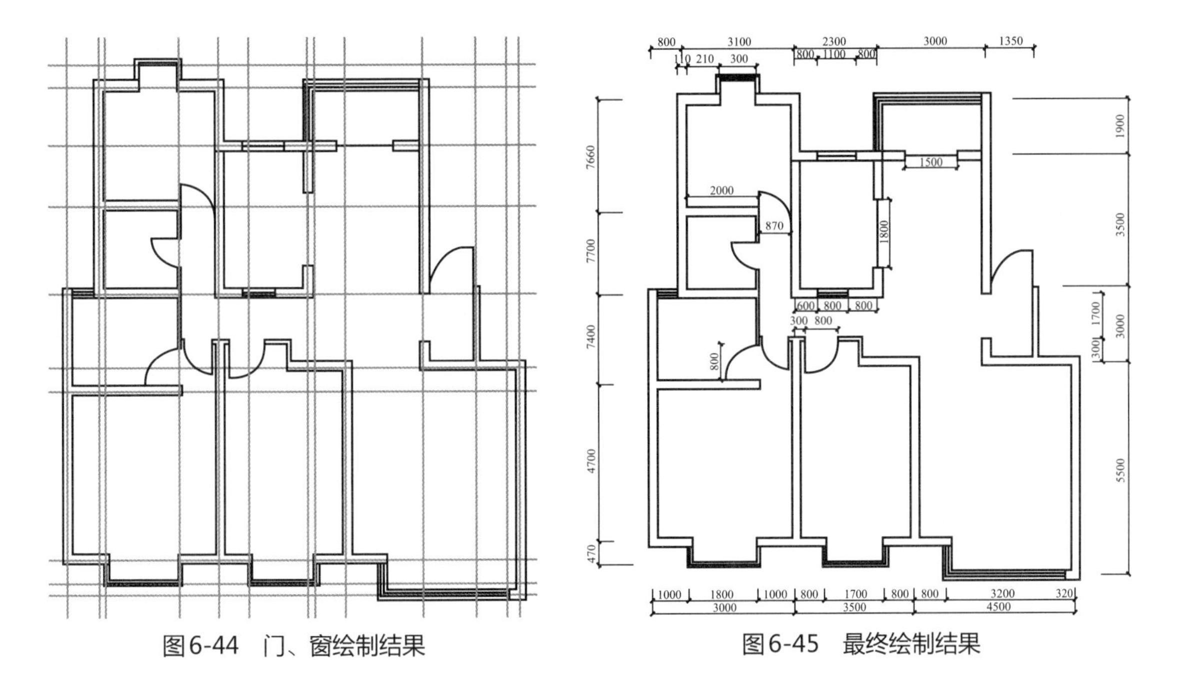

图6-44　门、窗绘制结果　　　　图6-45　最终绘制结果

实战练习：

根据以上操作方法的学习，绘制一幅如图6-46的结构平面图。

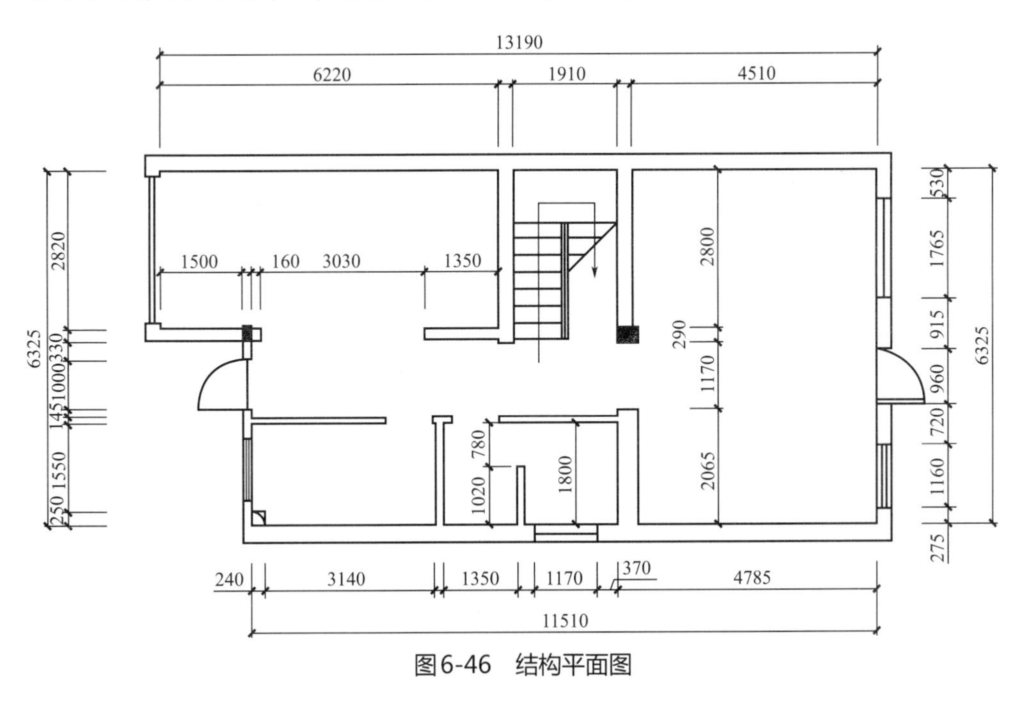

图6-46　结构平面图

第五节　图形的尺寸标注

图形中的标注尺寸是我们为描述物体各部分的大小和它们之间的相对关系的，是建筑施工和装饰施工的重要依据，AutoCAD为用户提供了多种尺寸标注样式和尺寸标注方法，通

过学习，我们可以轻松、准确快速地标注出所需尺寸。

一、尺寸标注简介

首先我们要先了解尺寸标注的组成。一个完整的尺寸由以下部分组成：尺寸线（Dimension Line）、尺寸界线（Extension Line）、尺寸起止符（Dimension Arrow）、尺寸文字（Dimension Text）。通常，AutoCAD将构成一个尺寸的尺寸线、尺寸界线、尺寸起止线和尺寸文字以块的形式放在图形文件内，因此可以认为一个尺寸是一个对象。如图6-47所示。

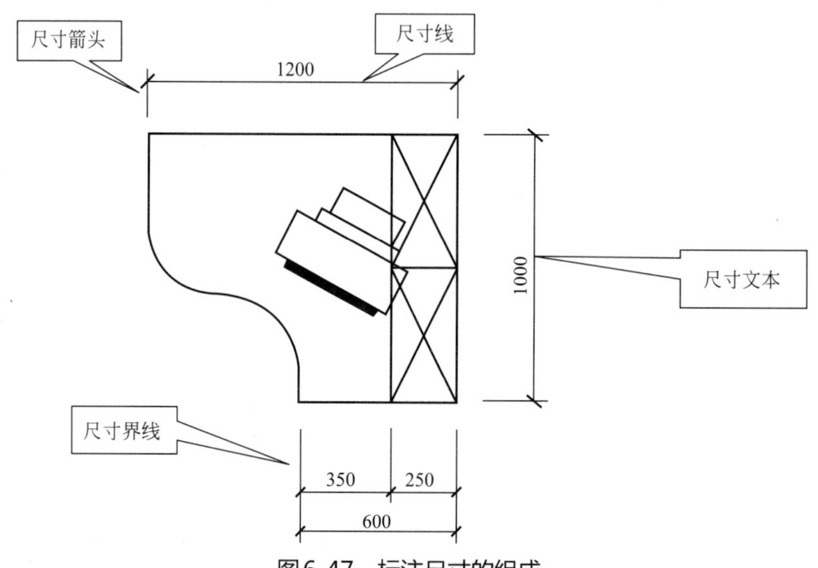

图6-47　标注尺寸的组成

① 尺寸文本：表示是用于指示测量值的字符串。文字还可以包含前缀、后缀和公差。文本应按标准字体书写，在同一张图纸中字高应该一致。

② 尺寸界线：也称为投影线或证示线，从部件延伸到尺寸线。界定了尺寸线的起始和终止界线。

③ 尺寸线：用于指示标注的方向和范围。对于角度标注，尺寸线是一段圆弧。通常与标注对象平行，放在尺寸界线之间。

④ 尺寸箭头：也称为终止符号，显示在尺寸线的两端。可以为箭头或标记指定不同的尺寸和形状，是添加在尺寸线两端的箭头。

另外中心标记是标记圆或圆弧中心的小十字，中心线是标记圆或圆弧中心的虚线。

二、尺寸标注式样

在AutoCAD中进行尺寸标注，标注的样式包括很多内容，本节内容只对标注的样式进行简单的介绍。在标注尺寸前要设置合理的标注样式，然后再进行标注。

默认情况下，AutoCAD自动创建了名为ISO-25的样式标注，用户也可以根据自己的需要创建新的标注样式。要创建新的标注样式，可按照如下操作：先按照如图6-48所示找到标注的位置。

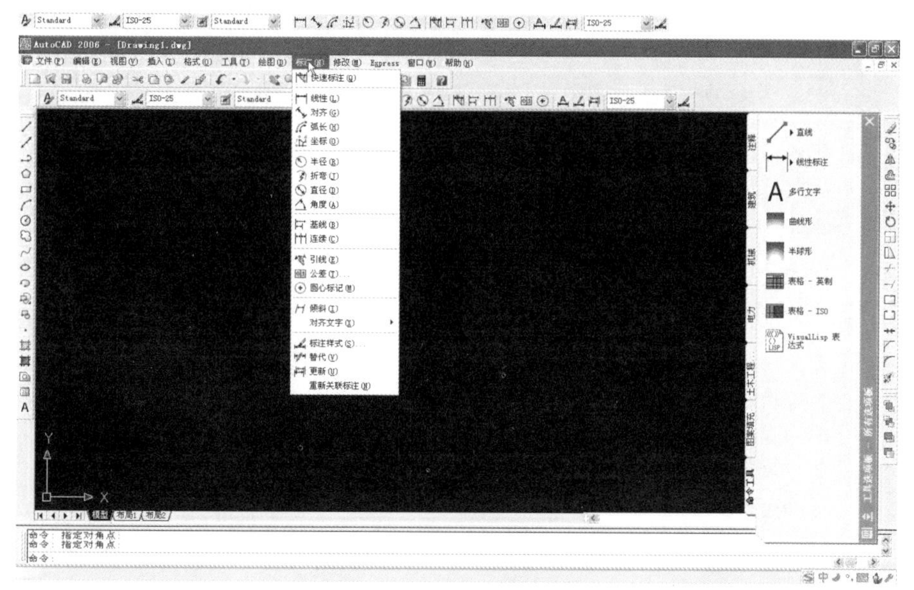

图6-48　尺寸标注的位置

步骤一、按照上图弹出的下拉菜单找到，找到“标注样式”工具，打开“标注样式管理器”对话框，如图6-49所示。

步骤二、单击 新建(N)... 按钮，打开“创建新标注样式”对话框，如图6-50所示。在该对话框中用户可以为新创建的标注样式指定新样式名称、基础样式以及用于标注特定对象的子样式等。

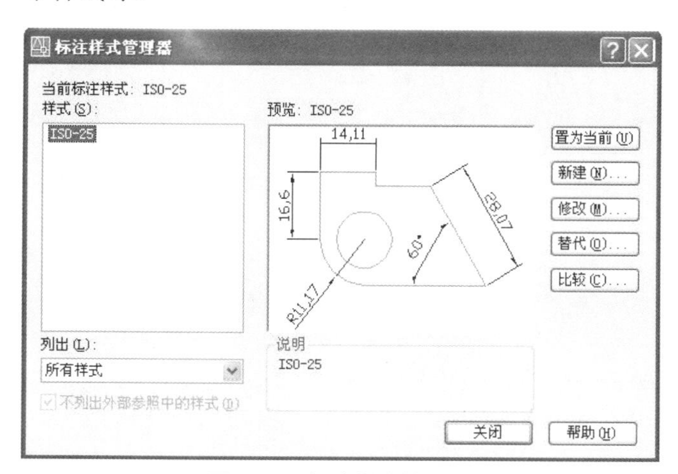

图6-49　标注样式管理器

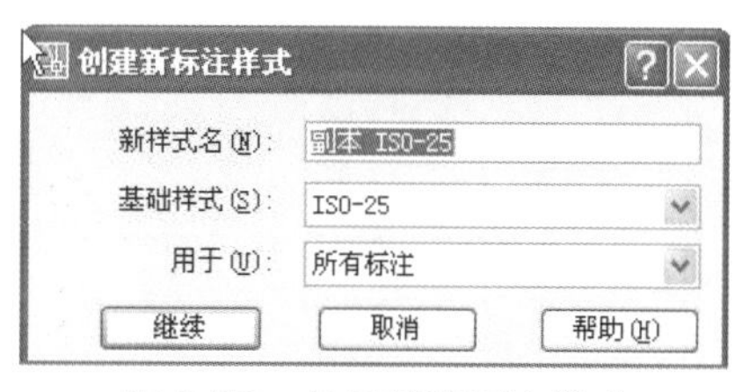

图6-50　使用替代标注样式

步骤三、单击“继续”按钮，打开“新建标注样式”对话框，如图6-51所示。用户可以通过该对话框设置新标注样式的所用特征。

步骤四、在图6-51中单击“直线”选项卡，可以设置尺寸线的颜色、线型、线宽、超出标记、基线间距、隐藏情况等。还可以设置尺寸界线的颜色、界线1、界线2的线型、线宽、隐藏情况等。

步骤五、在图6-51中单击“符号与箭头”选项卡，可以利用“箭头”设置区域设置标注箭头的类型和大小，在“圆心标记”设置区可以设置圆心标记的类型和大小，如图6-52、图6-53所示。

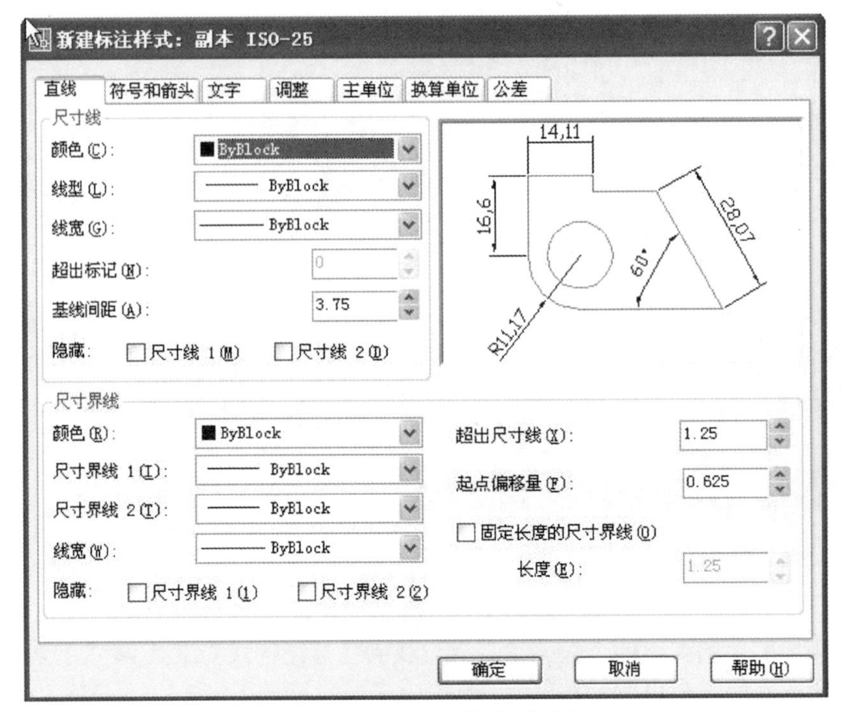

图6-51　新建标注样式对话框

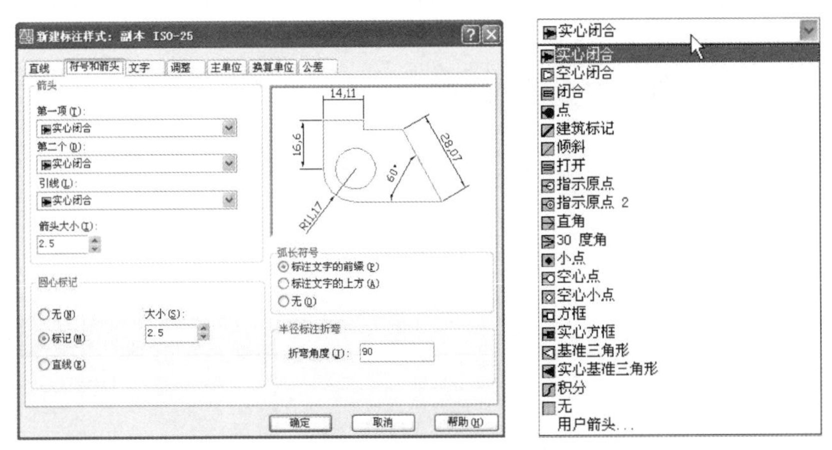

图6-52　设置箭头选项

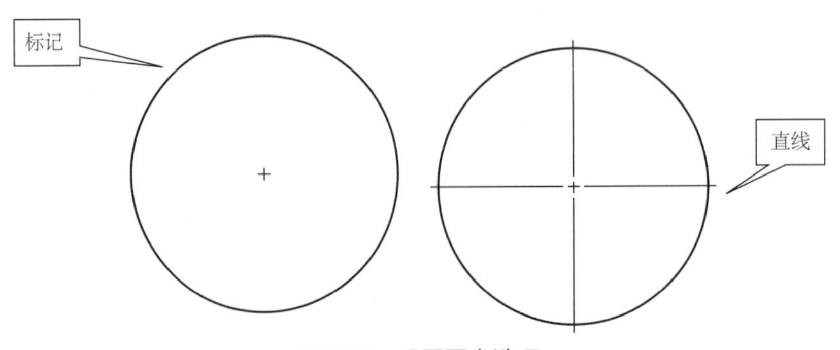

图6-53　设置圆心选项

步骤六、单击“文字”选项卡可以设置文字的外观、位置以及对齐方式，如图6-54所示。各选项卡的意义如下。

a.文字外观：用于设置文字的样式、颜色、高度等内容。其中，“文字样式”选项下拉列表用于为标注文字选择文字样式。单击其后的按钮，可打开“文字样式”对话框，以便选择、创建或修改文字样式；“分数高度比例”选项：设置标注文字中的分数相对于其他标注文字的比例，系统将该比例值与标注文字高度的乘积作为分数的高度。

b.文字位置：用于设置尺寸文字相对于尺寸线和尺寸界线的位置。

c.文字对齐：用于控制标注文字是否沿水平方向或平行于尺寸线方向放置。

步骤七、单击“调整”选项卡可以设置标注文字和箭头的放置方法，如图6-55所示。各选项卡的意义如下。

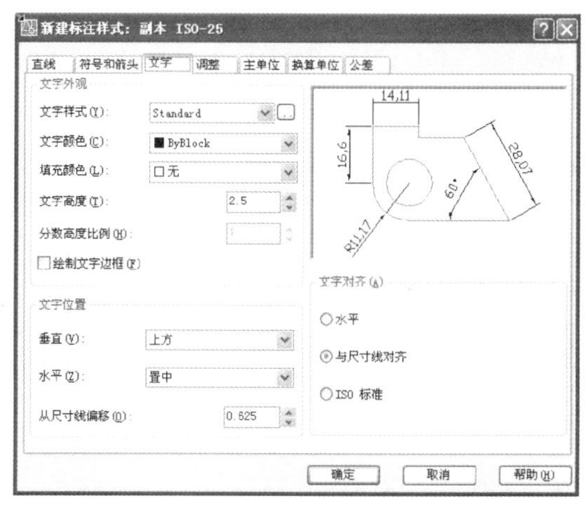

图6-54　文字选项卡

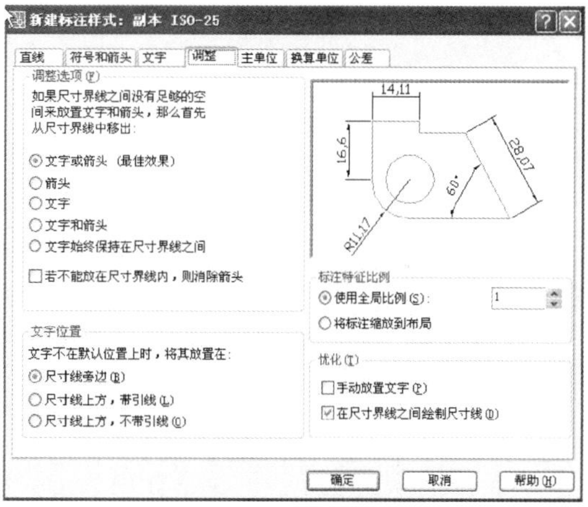

图6-55　调整选项卡

a.文字或箭头：系统将自动以最佳方式在尺寸文字和箭头之间选择其一放置在尺寸界限之内。如果两者之间一个也放不下，则将它们都放在尺寸界线之外。

b.文字：优先将文字从尺寸界限移出如图6-56(a)所示。

c.文字始终保持在尺寸界线之间：始终将文字放置在尺寸界线之间，如图6-56(b)所示。

d.若不能放在尺寸界线内，则消除箭头：当空间不够，将隐藏箭头。如图6-56(c)所示。

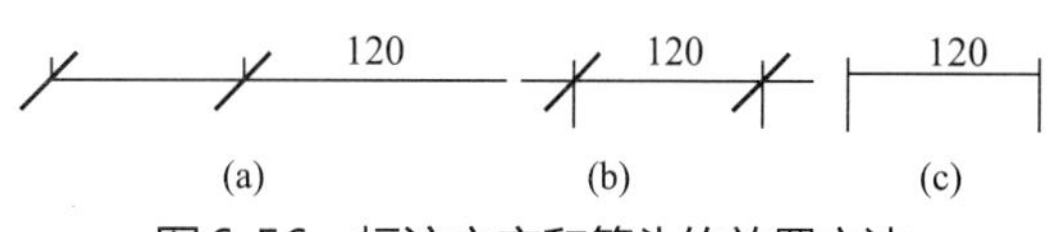

图6-56　标注文字和箭头的放置方法

步骤八、单击“主单位”选项卡可以设置标注的格式、精度、舍入、前缀及后缀等参数，如图6-57所示。各选项的意义如下。

① 单位格式：设置除角度之外的所有标注类型的当前单位格式。

② 精度：设置标注文字的小数位个数。

③ 分数格式：设置单位格式为分数时的标注文字放置方式。默认情况下，该选项不可用，只有在“单位格式”中选择“分数”或“建筑”时，该选项才有效。

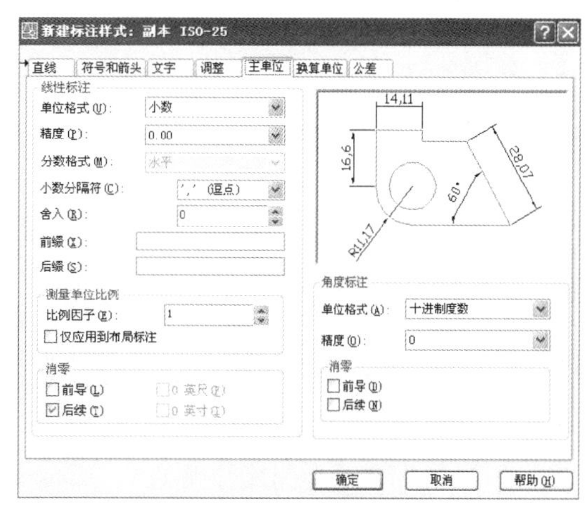

图6-57　主单位选项卡

④ 小数分隔符：设置小数分隔符，此处应设置为句点。

⑤ 舍入：为除“角度”外的所有标注类型设置标注测量值的小数位数和舍入规则。例如，设置“舍入”值为0.05，则1.06舍入为1.10。

⑥ 前缀/后缀：控制是否在标注文字上加前/后缀。例如，在“前缀”选项里输入“%%C”，就可以在标注文字前加上直径符号“ φ ”。

步骤九、设置完毕后，单击“确定”按钮，即可得到一个新的尺寸标注样式。

步骤十、在“标注样式管理器”对话框的“样式”列表中选择新创建样式，单击置为当前，将其设置为当前样式。

三、尺寸标注命令

设置好尺寸标注样式后，就可以利用相应的标注命令对图形进行尺寸标注了。在AutoCAD中，要标注长度、弧长、半径等不同类型的尺寸，应使用不同的标注命令。如图6-48所示。

① 线性标注：线性标注（DIMLINEAR）用于标注水平和垂直方向的两个点之间的距离测量值。要执行线性标注命令，可选择“标注”>“线性”菜单，单击“标注”工具栏中的“线性”工具，或在命令行中输入DLI命令。

② 对齐标注：可以用来生成一条对齐于被标注边的尺寸线。要执行对齐标注命令，可选择“标注”>“对齐”菜单，单击“标注”工具栏中的“对齐”工具，或在命令行中输入DAL命令。

③ 弧长标注：弧长标注（DIMARC）用于标注圆弧和多段线中弧线段的长度。要执行弧长标注命令，可选择“标注”>“弧长”菜单，单击“标注”工具栏中的“弧长”工具，或在命令行中输入DAR命令。如图6-58所示。

④ 坐标标注：是用来生产坐标型尺寸标注。要执行坐标标注命令，可选择“标注”>“坐标”菜单，单击“标注”工具栏中的“坐标”工具，或在命令行中输入DOR命令。

⑤ 半径和直径标注：是用来标注圆或圆弧的半径和直径的，标注圆和圆弧的半径或直径尺寸时，AutoCAD会自动在标注文字前添加半径符号“R”或直径符号“ φ ”。

要执行半径或直径标注命令，可选择“标注”>“半径（或直径）”菜单，单击“标注”工具栏中的“半径”工具（或“直径”工具），或在命令行中输入DRA（或DDI）命令。如图6-59所示。

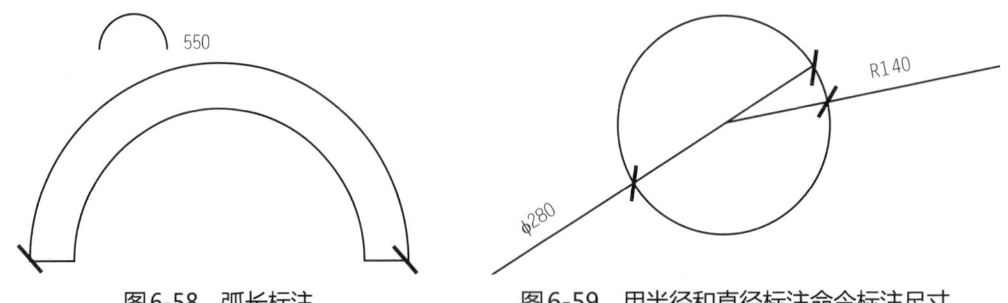

图6-58　弧长标注　　图6-59　用半径和直径标注命令标注尺寸

⑥ 折弯标注：当圆或圆弧的中心位于布局外且无法在其实际位置显示时，可用折弯标注（DIMJOGGED）命令标注圆或圆弧的半径。要执行折弯标注命令，可选择“标注”>“折

弯”菜单，单击“标注”工具栏中的“折弯”工具 ，或在命令行中输入DJO命令。

⑦ 角度标注：角度标注（DIMANGULAR）用于标注圆、圆弧、两条非平行直线，或三个点之间的角度。要执行角度标注命令，可选择“标注”>“角度”菜单，单击“标注”工具栏中的“角度”工具 ，或在命令行中输入DAN命令。

⑧ 快速标注：使用快速标注（QDIM）功能，可以快速创建基线、连续、对齐等标注，不仅加快了尺寸标注速度，还提高了工作效率。要执行快速标注命令，可选择“标注”>“快速标注”菜单，单击“标注”工具栏中的“快速标注”工具 ，或在命令行中输入QDIM命令。

⑨ 基线标注：基线标注（DIMBASELINE）是以同一尺寸线为基准的多个标注。创建基线标注之前，必须先创建（或选择）一个线性、坐标或角度标注。AutoCAD将从基准标注的第一个尺寸界线处测量基线标注。要执行基线标注命令，可选择“标注”>“基线”菜单，单击“标注”工具栏中的“基线”工具 ，或在命令行中输入DBAE命令。

⑩ 连续标注：连续标注（DIMCONTINUE）是首尾相连的多个标注。在创建连续标注之前，必须创建线性、对齐或角度标注。要执行连续标注命令，可选择“标注”>“连续”菜单，单击“标注”工具栏中的“连续”工具 ，或在命令行中输入DCO命令。用联系标注标注图形，如图6-60所示。

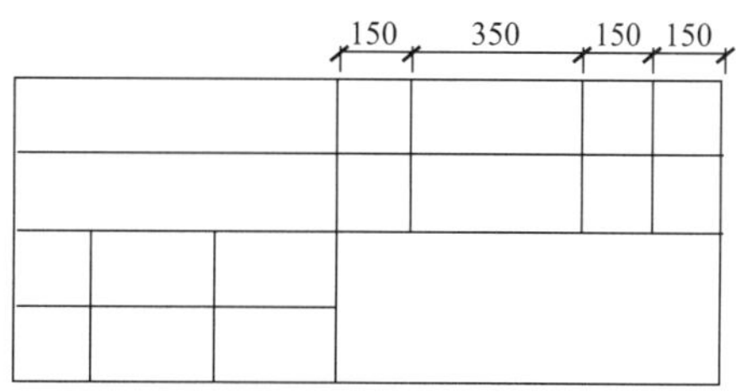

图6-60　用连续标注命令标注尺寸

⑪ 公差标注：用来生成形位公差控制框和相应的尺寸标注，其中包括形位公差符号、形位公差值和基准代号等。图形的输入、输出功能要执行连续标注命令，可选择“标注”>“公差标注”菜单，单击“标注”工具栏中的“公差”工具 ，或在命令行中输入TOL命令。

⑫ 圆心标注：圆心标记（DIMCENTER）命令用于标注圆或圆弧的圆心。要执行圆心标记命令，可选择“标注”>“圆心标记”菜单，单击“标注”工具栏中的“圆心标记”工具 ，或在命令行中输入DCE命令，然后在图样中单击圆或圆弧，即可将圆心标记放在圆或圆弧的圆心。要修改圆心标记的类型和大小，可打开“修改标注样式”对话框，然后在“符号和箭头”选项卡的“圆心标记”设置区中进行相关参数的设置。

第六节　图形的输入与输出功能

在AutoCAD中，为了便于输出各种规格的图纸，系统提供了两种工作空间：一种是模型空间，它用于绘制图形，以及为图形标注尺寸；一种是图纸空间（又称布局空间），它完全模拟图纸，用户可以在其中为图形输入注释信息，绘制标题栏和图纸框等。在图纸空间中，系统通过浮动视口来显示模型空间的内容。此外，用户还可以为图形创建多个布局图，以适应各种不同的要求。

一、打印式样的设置

在AutoCAD中，系统提供了两种打印样式：颜色相关打印样式和命名打印样式。其中，颜色相关打印样式是指根据图形中的颜色来确定出图效果，因此我们可以通过图层给对象设置不同的颜色，然后再利用打印样式表来指定每种颜色的输出特性，如线宽、线型等；命名打印样式的出图效果与颜色无关，可以根据自己计算机上装配的打印机型号来设置。如图6-61、图6-62所示。

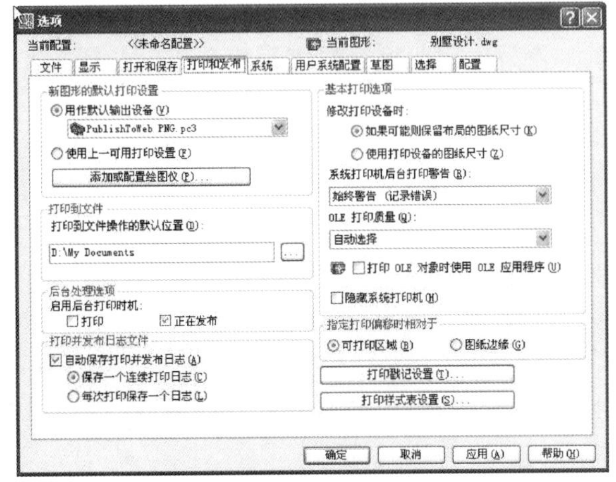

图6-61　选项对话框

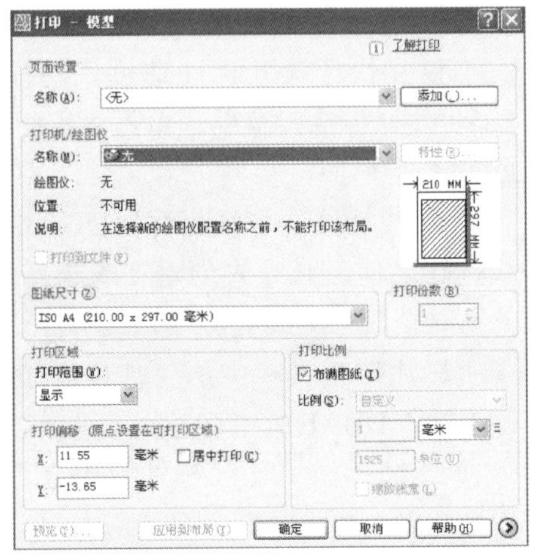

图6-62　打印—模型对话框

二、图形输出与页面设置

要输出图形，可选择“文件”>“打印”菜单，在命令行中输入PLOT命令，或单击“标准”工具栏中的“打印”工具，此时系统将弹出“打印—模型”对话框，可以在该对话框中设置输出设备、图纸尺寸、打印区域等参数。

但是，如果每次打印都必须重新设置其参数，会很麻烦。为此，AutoCAD提供了页面设置功能，通过该功能可设置输出参数（如输出设备、图纸尺寸、打印比例等），并且页面设置可以保存在图形文件中。可以使用如下的步骤进行设置。

步骤一、选择“文件”>“页面设置管理器”菜单，打开“页面设置管理器”对话框，如图6-63所示。

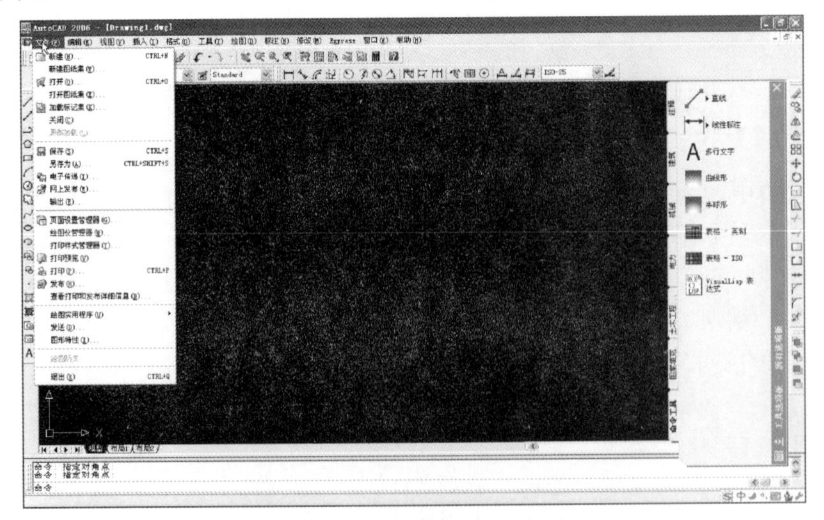

图6-63　页面设置管理器对话框

步骤二、默认情况下模型空间设置为“*模型*”，如图6-64所示。要修改页面设置可单击“修改”按钮，打开页面设置对话框，然后利用该对话框设置输出设备、图纸尺寸等如图6-65所示。

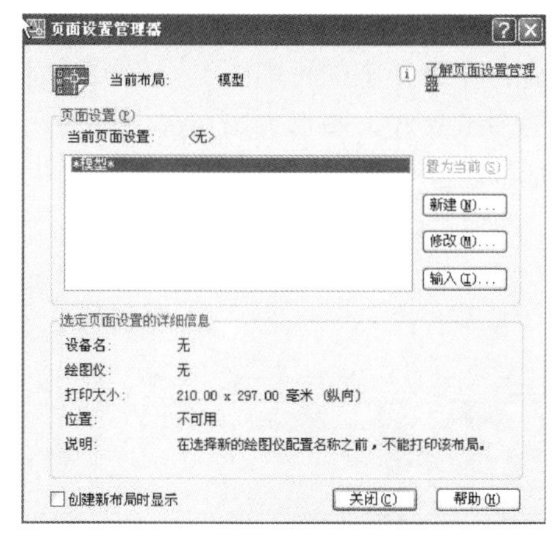

图6-64　页面设置管理器对话框

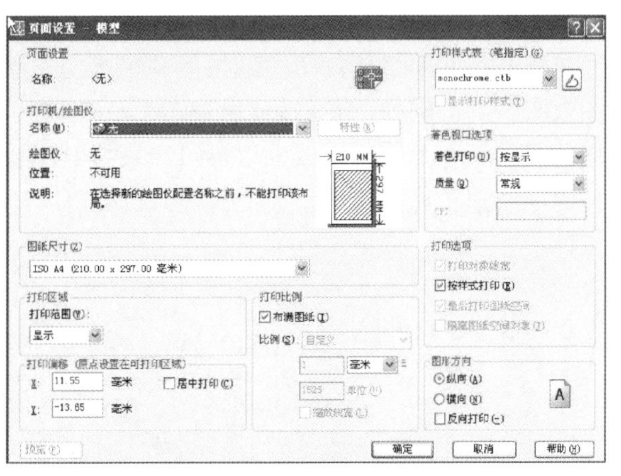

图6-65　页面设置对话框

步骤三、修改结束后，可单击“确定”按钮，返回“页面设置管理器”对话框。要设置新的页面设置，可单击“新建”按钮打开“新建页面设置”对话框，如图6-66所示。

步骤四、按照默认名称后，单击“确定”按钮，系统将打开图6-67所示“页面设置”对话框，在此设置输出设备和图纸尺寸。

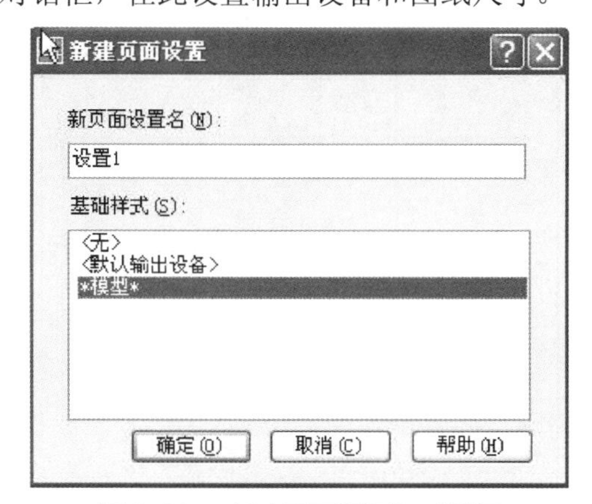

图6-66　“新建页面设置”对话框

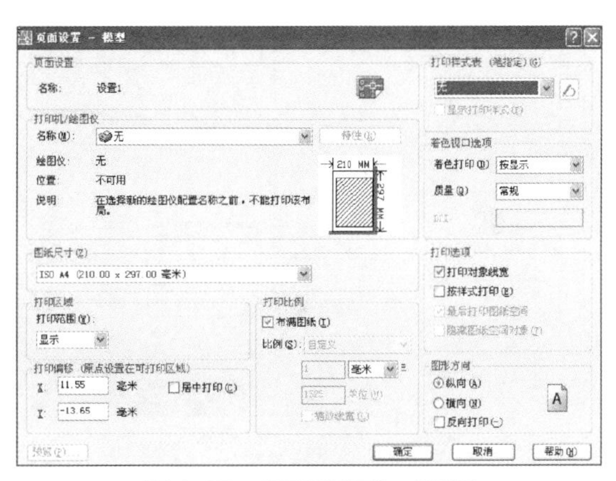

图6-67　“页面设置”对话框

步骤五、设置好参数后，单击“确定”按钮，新建页面设置名称出现在“当前页面设置”列表中，如图6-68。

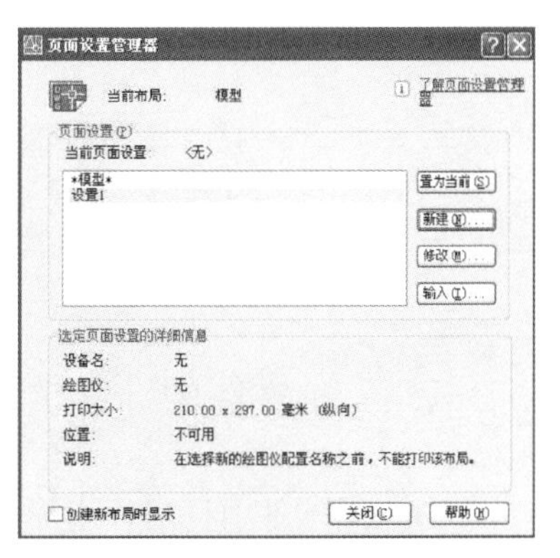

图6-68　页面设置管理器对话框

三、在模型空间输出图形

初学者打印图形一般都是在“模型”空间中进行，此时的打印操作方便、简单。要执行“打印”命令，可选择“文件”>“打印”菜单，在命令行中输入PLOT命令，或单击“标准”工具栏中的“打印”工具，此时系统将弹出“打印—模型”对话框，然后在该对话框中设置其相关参数，即可输出图纸了。

四、在布局空间输出图形

在模型空间中直接打印图纸虽然简单，但不够灵活。在布局空间打印图纸不仅灵活而且出图效率更高。例如，我们可以将在布局空间规划好的图纸尺寸、图形输出布局、标题栏和图框的图形保存为图形样板，以后可以直接利用该图形样板新建图形，或者利用图形样板为其他图形创建布局图。

实战练习：

根据前面所学的知识，请绘制如图6-69所示的室内布局平面图，并打印输出。

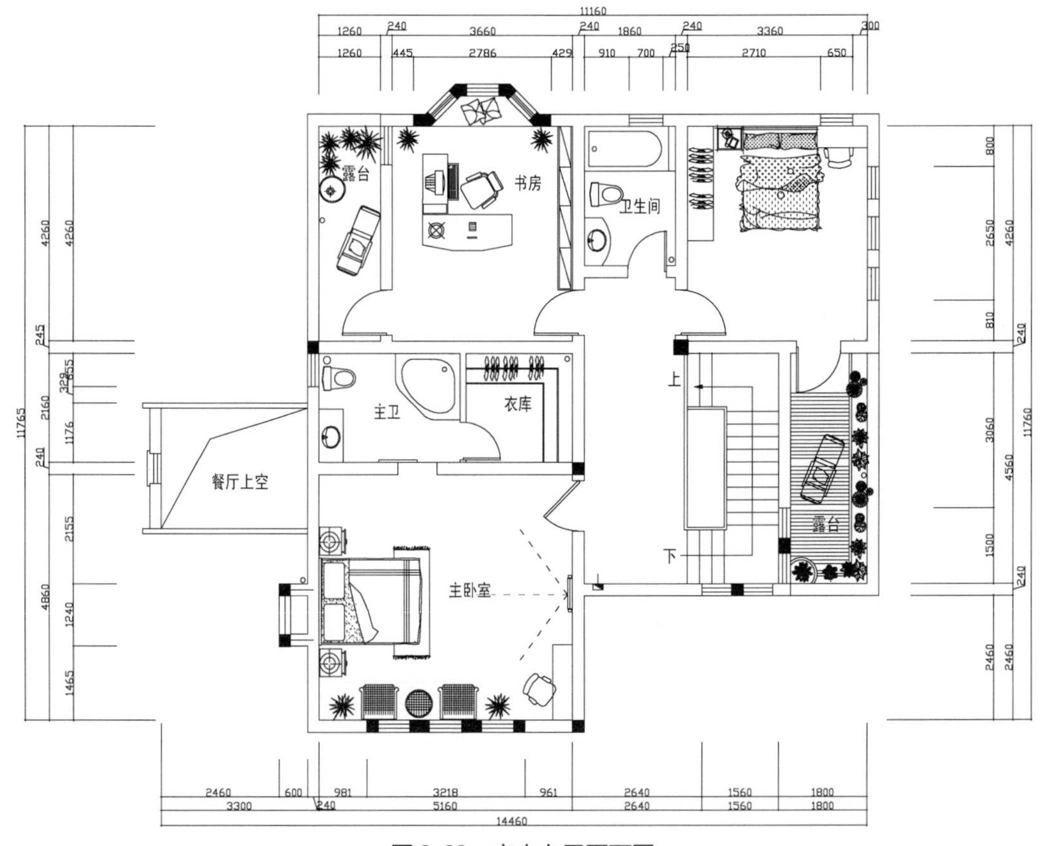

图6-69　室内布局平面图

第七节　三维软件介绍及效果图制作

一、三维软件的介绍

3D三维软件中目前使用最广泛的是3D Studio MAX，3D Studio MAX图像要算是图像家族的特殊成员，但是随着其应用的日益广泛，我们也需要对它有所了解。三维软件中的3D

Studio MAX作为三维建模和动画渲染的软件，具有很强的建模、材质编辑、渲染、动画编辑等功能，特别是针对建筑设计、室内设计、装潢设计，以三维的形式展现建筑物和室内外装饰的效果，不仅快捷方便，还能完整预览建筑物的各个角度的效果，且透视十分精确。

二、三维软件的发展

三维软件是利用电脑制作几何模型的软件。最先只能在专业图形工作站上使用，随着PC机的飞速发展和普及，三维动画软件也纷纷被移植到PC机上。在DOS时代，美国Autodesk公司的3DS三维动画软件几乎垄断了PC机三维动画的市场。1996年Kinetix公司推出3DS的WindowsNT版本3DSMAX1.0。这个版本在操作界面、组织结构和功能上都有质的飞跃，获得了巨大的成功。1998年，Maya、Alias、Houdini相继在NT平台上出现。同年，Autodesk公司奋起迎击，推出偏重于建筑设计的3DSMAXVIZ版本，该版本实际是在3DSMAX的基础上进行一些增减，增加一些与建筑有关的模块，删去一些动画功能。随着三维软件应用的迅速普及，小型三维软件也如雨后春笋般涌现出来。

三、三维软件的种类

3D动画软件可以按软件功能的复杂程度分为小型、中型、大型三类。

1. 小型软件

整体功能较弱，或偏重某些功能，学习相对容易。小型软件很多，常见的、有特殊功能的软件如下。

Poser：快速制作各种人体模型。通过拖动鼠标可以迅速改变人体的姿势，还可以生成简单的动画。

Rhino：三维造型软件，长于NURBS曲面造型，能以三维轮廓线建立模型。

Cool3D：专用于立体文字制作的软件，可提供很多背景图和动态，很容易上手。

Lightscape：渲染专用软件，只能对输入的模型进行渲染，能进行材质灯光的设定，采用光能传递算法，是最好的渲染器，多用于室内外效果图的渲染。目前为3.2版本。

Bryce3D：长于自然景观如山、水、天空的建造，效果很好。

2. 中型软件

3DSMAX：功能强大、开放性好，集建立模型、材质设置、摄影灯光、场景设计、动画制作、影片剪辑于一体。

LightWave3D：功能强大、质感细腻、界面简洁明快、易学易用、渲染质感非常优秀。目前版本为5.6c。

3. 大型软件

SOFTIMAGE 3D：功能极其强大、长于卡通造型和角色动画、渲染效果极好，是电影制作不可缺少的工具，国内许多电视广告公司都使用它制作电视片头和广告。

MAYA：功能比SOFTIMAGE 3D更强大，但更难掌握。

HOUDINI：将平面图像处理、三维动画和视频合成有机结合起来。

三维动画软件呈现一片百花齐放、百家争鸣的繁荣景象，为现代艺术的表现做出了极大的贡献，充分体现出现代化科学技术在艺术设计中的广泛应用。

四、制作三维效果图得力工具——3DMAX

3D Studio Max，常简称为3ds Max或MAX，是Discreet公司开发的（后被Autodesk公司合并）基于PC系统的三维动画渲染和制作软件。3D Studio Max目前最新版本是2009。在应用范围方面，广泛应用于广告、影视、工业设计、建筑设计、多媒体制作、游戏、辅助教学以及工程可视化等领域。3ds Max是当前世界上销售量最大的三维建模，动画及渲染解决方案。

用3ds Max制作一张室内效果表现图的基本流程如下。首先，在3ds Max中建立墙体、室内家具模型，先通过“创建”命令直接拉出几何体和“修改”命令进行修改来完成建模工作，部分模型可以用二维图形经过旋转、放样、挤压等修改命令来使之转换成三维模型。其次，设置材质并赋给模型；设置合适的灯光和摄影机；将透视图转换为摄影机视图后渲染摄影机视图。最后输出处理成效果表现图。

现在我们以3ds Max为例进行简单地讲解。先简单地介绍一下3ds Max的操作界面。运行3ds Max 8.0后，进入如图6-70所示的操作界面，从图中可以看出，3ds Max 8.0的工作界面主要是由菜单栏、工具栏、视图区、命令面板、显示控制区、时间控制区和状态栏等部分组成。

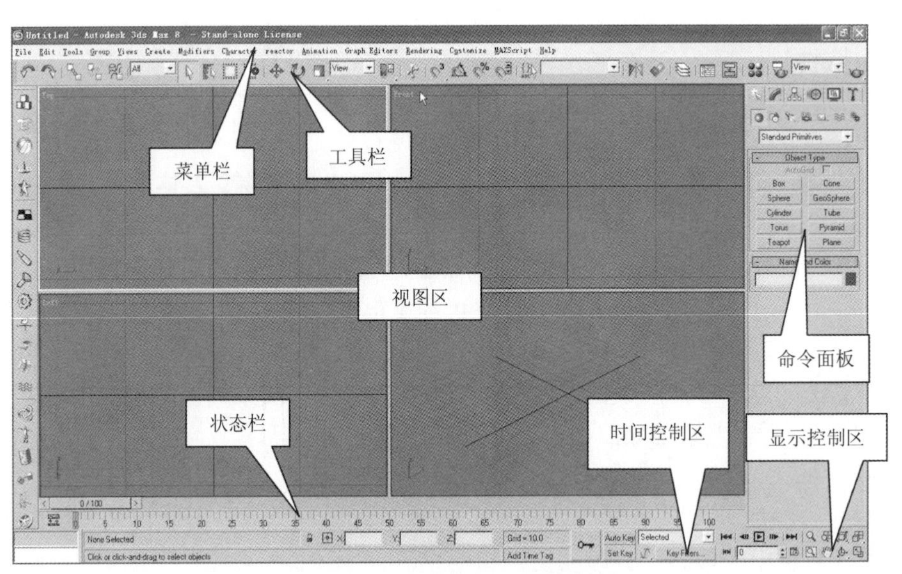

图6-70　3ds Max 8.0 操作界面

1. 菜单栏

包括了16个项目，单击每一个菜单名称，都会弹出一组下拉菜单。菜单列表中的命令项目如果带有“…”（省略号），表示点击该项目则会弹出相应的对话框；带有小箭头的项目表示还有次一级的菜单；有快捷键的命令右侧标有快捷键的按键组合。大多数命令在主工具栏中都可以直接执行，不必进入菜单进行选择。

2. 主工具栏

3ds Max的主工具栏位于菜单栏下方，由若干个工具按钮构成，为大部分常用操作提供了直观易用的按钮或下拉列表选项。其中的部分工具的命令也可以通过菜单命令来实现，但查找起来不如工具栏方便，因此我们往往更习惯使用工具按钮进行操作。

一般主工具栏的按钮在1024×768的分辨率下无法完全显示，可以将鼠标指针放在主工具栏的空白处，当指针会变为手状时，按住鼠标左键横向拖动，即可实现主工具栏的滚动显示。

3. 视图区

是制作效果图和动画的工作区域，位于屏幕中间，缺省的标准设置为均匀分布的四个视图。

顶视图（Top视图）：显示从上往下看到的物体形态。

前视图（Front视图）：显示从前向后看到的物体形态。

左视（Left视图）图：显示从左向右看到的物体形态。

透视图（Perspective视图）：系统缺省的摄像机视图，具有较强的立体感。

在平时操作过程中，一般在在3个正视图中进行调节，以获得准确的数据；在透视图中观察立体效果。

4. 视图的控制工具

在屏幕右下角有8个图形按钮，它们是当前激活视图的控制工具，实施各种视图显示的变化。对一般的标准视图，包括正视图、用户视图、透视图、栅格视图和图形视图。它们的控制工具基本相同，如图6-71所示为标准视图工具，图6-72所示为摄像机视图工具。

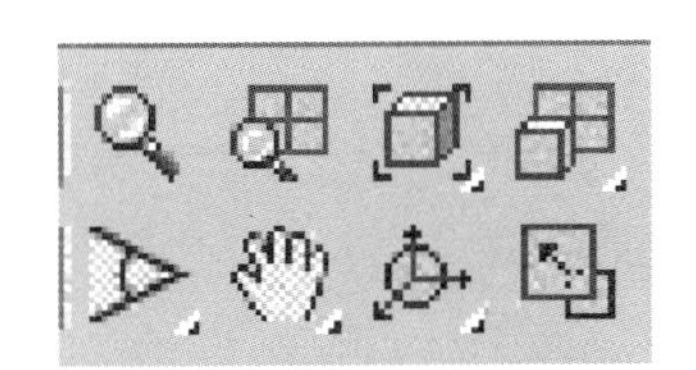

图6-71　标准视图工具

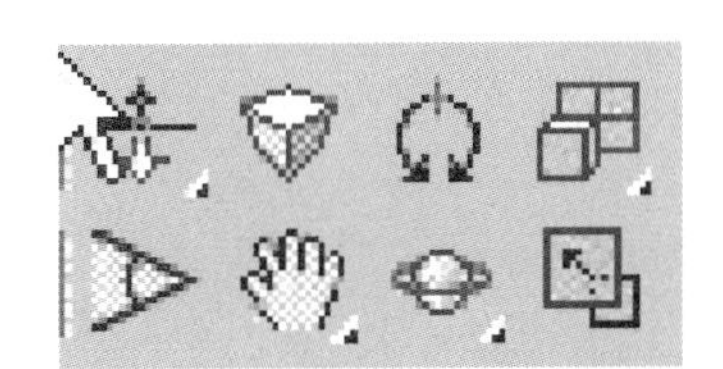

图6-72　摄像机视图工具

① 缩放：单击后上下拖动，进行视图缩放的显示。快捷键为Alt+Z，但会放弃正在使用的其他工具；使用“Ctrl+Alt+鼠标中键”，可以即时进行视图的推拉缩放，不用放弃正在使用的其他工具。

② 缩放所有视图：单击后上下拖动，同时在所有的标准视图内进行缩放显示。

③ 最大化显示：将所有对象以最大化的方式显示在当前激活的视图中。快捷键为Z。

④ 最大化显示选定对象：将选择的对象以最大化的方式显示在当前激活的视图中。选择对象后按快捷键Z。

5. 命令面板

位于屏幕的右侧，是3ds Max的核心工作区，它为我们提供了丰富的工具，用于完成模型的创建和编辑、动画轨迹的设置、灯光和摄影机的控制等，是操作过程中使用最为频繁的工作面板，如图6-73所示。创建命令面板，包括以下7个子面板。

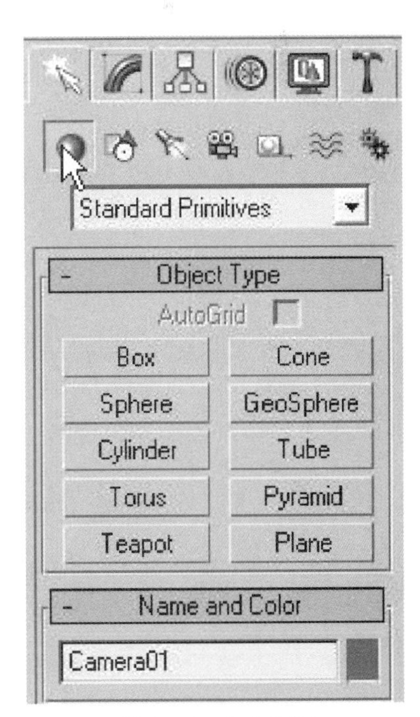

图6-73　命令面板

① 几何体：用来创建具有三维空间结构的造型实体。

② 图形：用来创建二维平面图形。

③ 灯光：用来创建模拟现实生活中不同光源类型的对象。

④ 摄影机：通常是一个场景中必不可少的组成单位，最后的静态、动态图像都要在摄影机视图中完成。

⑤ 辅助对象：是一系列起到辅助制作功能的特殊对象，本身不能渲染。

⑥ 空间扭曲：是一类在场景中影响其他对象的不可渲染对象。

⑦ 系统：创建系统工具，用于联合并控制对象，使系统对象产生特定的行为。

6. 修改命令面板

该命令面板包括了大量的编辑修改命令，用于对二、三维对象进行编辑修改和深层次加工。

① 层次命令面板：主要用于调节相互链接对象之间的层次关系。

② 运动命令面板：主要用于对动画的设置、修改和调整。

③ 显示命令面板：用于控制视图中对象的隐藏、显示、冻结、解冻。

④ 工具命令面板：用于运行公共程序和外挂程序。

7. 状态栏

在3ds Max主界面下方有一个用于显示场景和当前命令提示与状态信息的区域，称为状态栏。状态栏分为两行内容，主要用于显示提示信息、当前状态、栅格尺寸、当前坐标、选择锁定方式、添加时间标签等，如图6-74所示。

图6-74　状态栏

8. 时间控制区

位于屏幕底部，在状态栏与视图控制区之间，它们用于动画时间的控制，如图6-70所示。

第八节　三维效果图实例解析

前面我们讲到的知识点，我们通过室内效果图的制作，从建模、材质指定、灯光架设以及最终的渲染输出，对3ds Max全面地进行实践操作。我们将和AutoCAD一起讲解。

3ds Max中，室内效果图的展示往往只是房间的局部，而且所用的灯光基本为模拟性质的，不需要进行诸如光能传递之类的真实光能计算，因此在建模时，我们可以只做出需要展示的局部墙体即可。

步骤一、为了达到精确建模的目的，应首先进行系统单位设置。执行“自定义”菜单“单位设置”命令，在弹出的对话框中将“显示单位比例”设为“公制——毫米”，单击“系统单位设置”按钮，将“系统单位比例”中的单位同样设为“毫米”。具体操作如图6-75～图6-77。

步骤二、打开AutoCAD 2006，绘制图6-69后存盘在电脑桌面，命名为平面图1。打开3ds Max 8.0，从“File”>“Import”打开界面，找到图1，如图6-78所示。再出现的对话框中将“Weld threshold”设置为1.0后，见图6-79所示点击“OK”。在3ds Max界面中出现基线图。如图6-80。

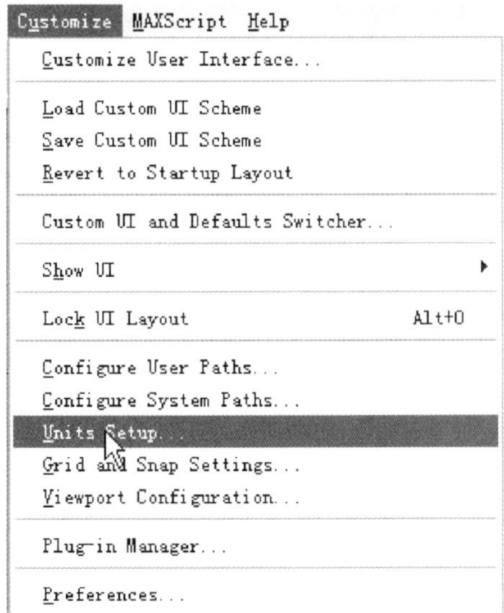

图6-75　单位设置（一）

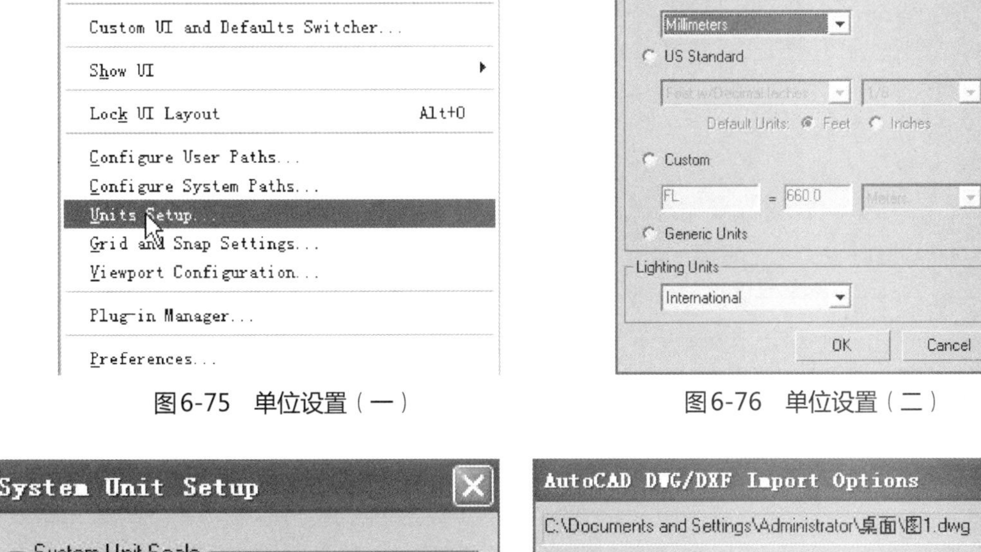

图6-76　单位设置（二）

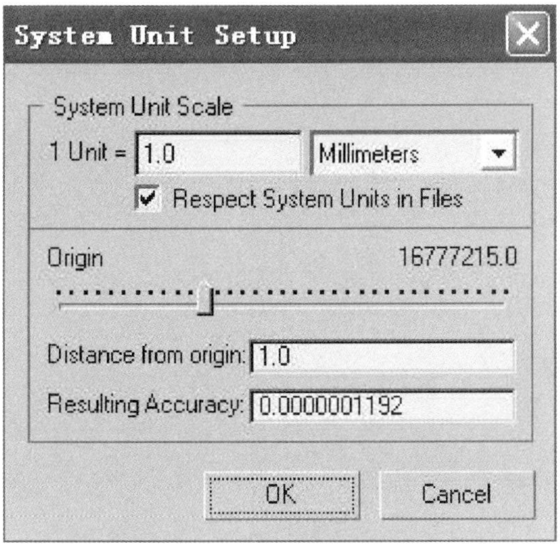

图6-77　单位设置（三）

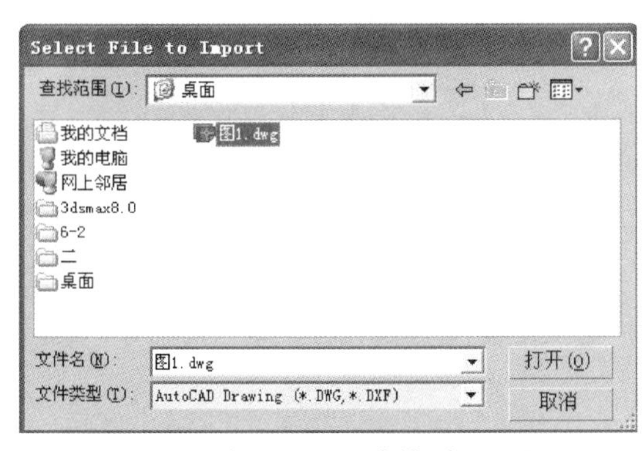

图6-78　在3ds Max中找到平面图1

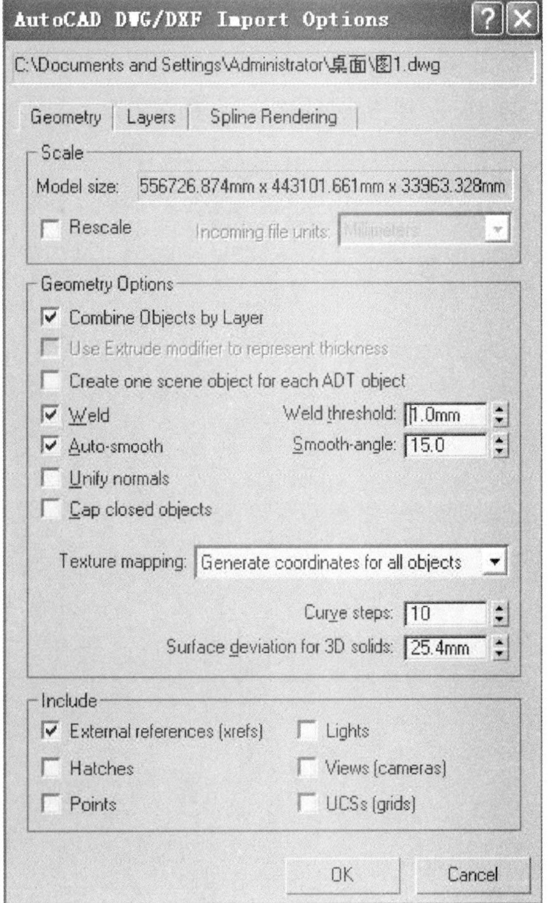

图6-79　设置线宽值

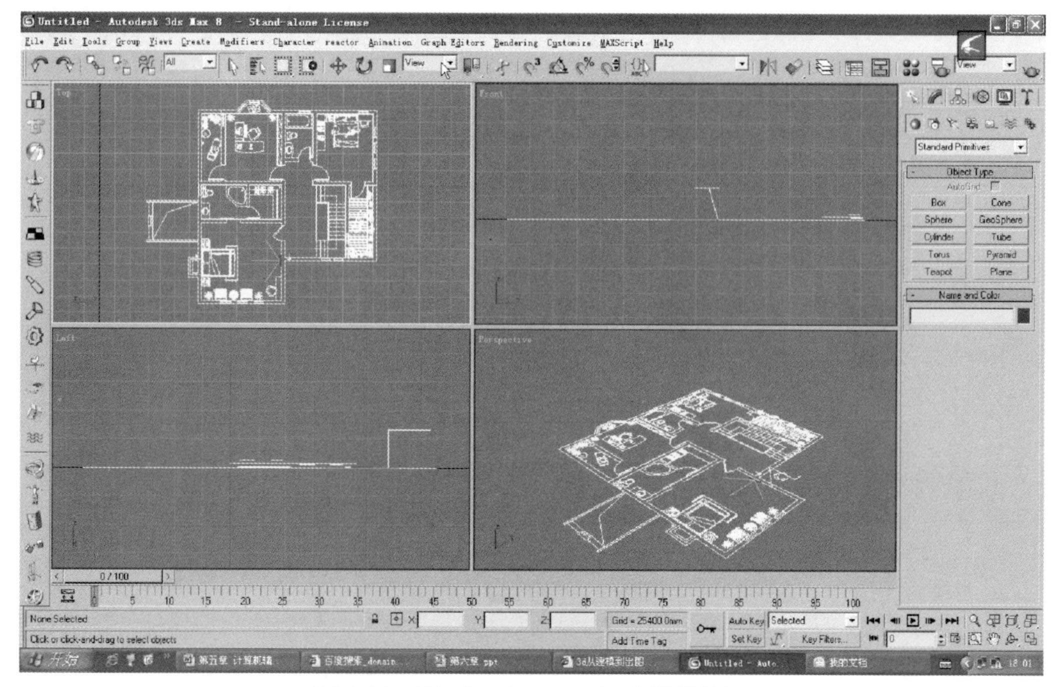

图6-80　图1在3ds Max界面中的基线图

我们只对基线图中右上角的卧室进行效果图表现。

步骤三、把所有的图形建成一个块。单击菜单栏上的“Group”在弹出的窗口中输入“基线图”。根据图6-81所示进行操作，点击“OK”绘制卧室墙体线。

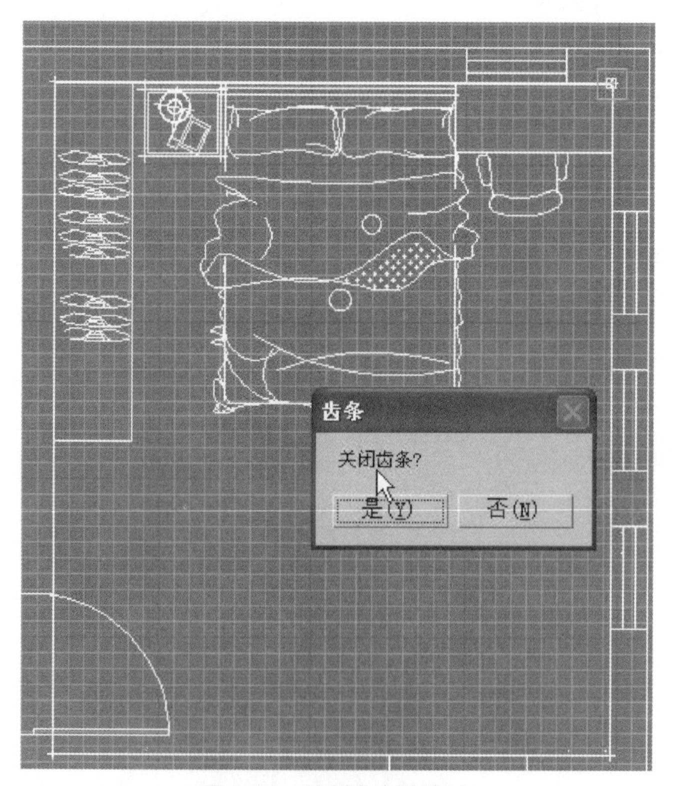

图6-81　绘制卧室墙体线

步骤四、在命令面板“Modify”中，点击“Spline”，同时点击在“Outline”命令，输入“-240”后操作过程如图6-82、图6-83，利用命令面板“Modify”中的“Extrude”命令，输入3000。结果如图6-84所示。

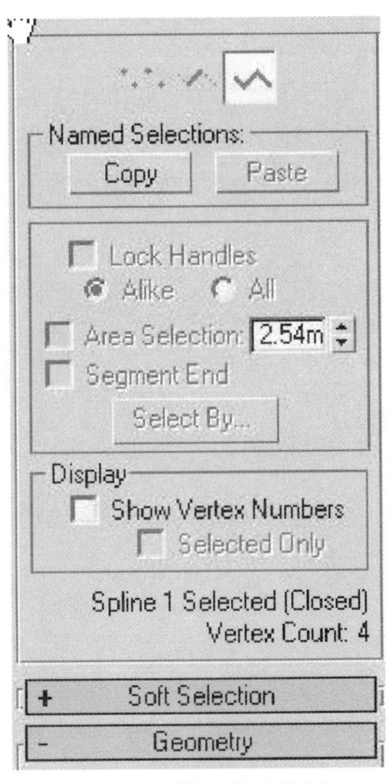

图6-82　墙体模型绘制

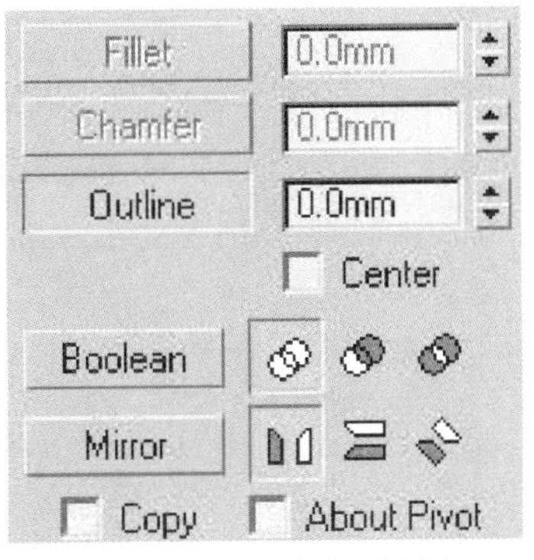

图6-83　墙体模型绘制

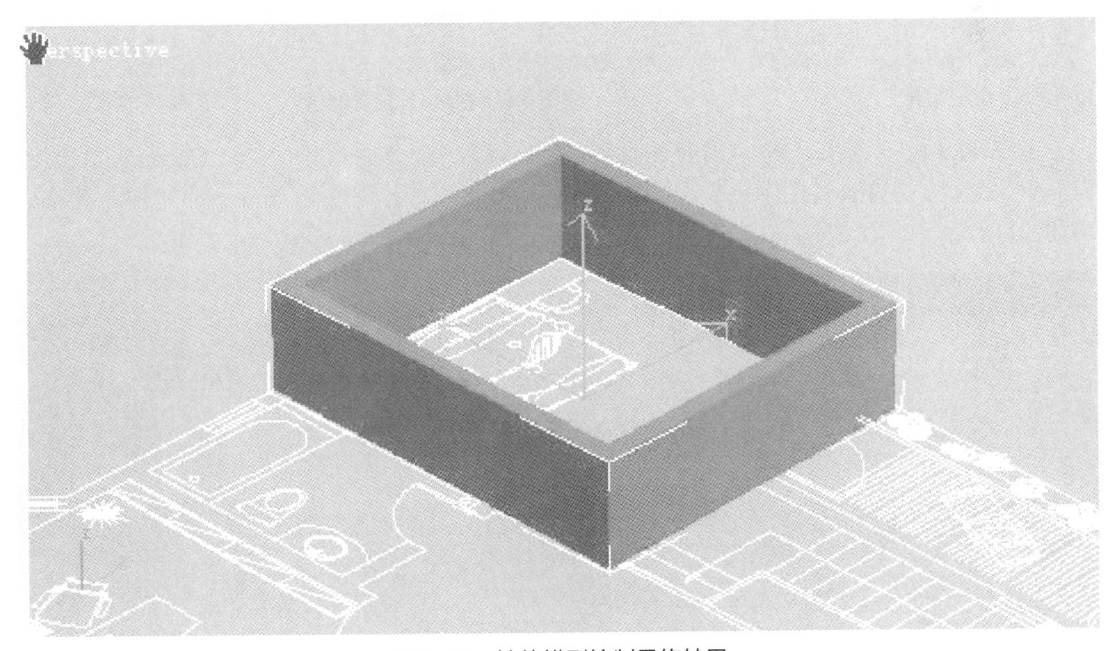

图6-84　墙体模型绘制最终结果

步骤五、利用布尔运算建立窗口和门洞。先建立“Box”，输入Length：260，Width：1500，Height：2100。利用屏幕上方的“Select and Move”命令，再按住“Shift”利用鼠标选区和移动“Box”，建立3个“Box”。再在门洞位置建立“Box”，输入Length：260，Width：900，Height：2100。选取刚建立的窗户“Box”，打开“Boolean”命令。设置如图6-85所示。依次用此命令操作其他窗体和门洞的“Box”，利用“Boolean”命令将窗洞和门洞修剪出来，结果如图6-86所示。

步骤六、创建地面的顶棚。在顶视图（Top视图）中建立一个和卧室空间一样大小的“Box”。取名为：“地面”，在前视图（Front视图）选区利用屏幕上方的“Select and Move”命令，选区“地面”，按住“Shift”利用鼠标选区和向上移动“Box”到墙体上方，并取名为“顶棚”。

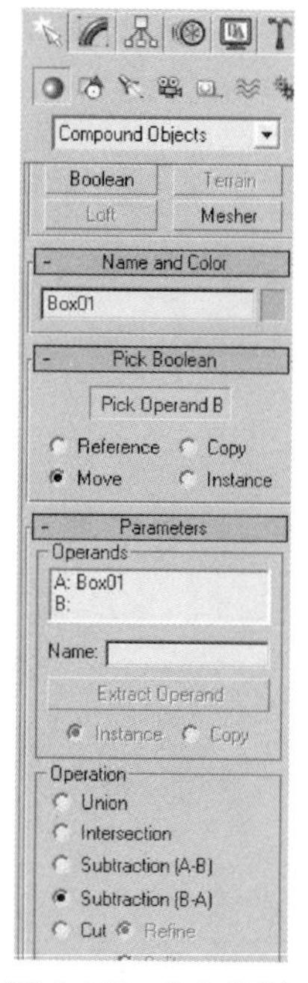

图6-85　布尔运算

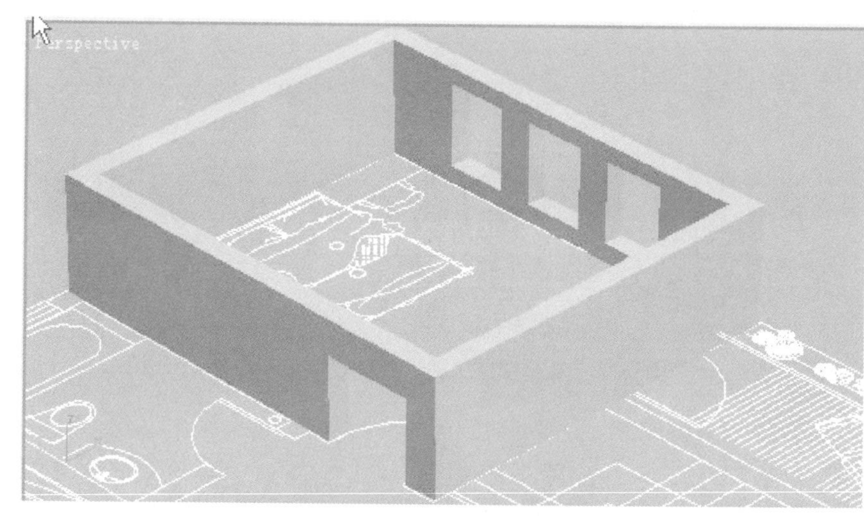

图6-86　布尔运算后的结果

步骤七、设置相机。选中顶视图（Top视图），在命令面板中单击“Cameras”，选区“Target”命令。在Top视图中放置，并把“Perspective”视图调为“Cameras”视图。调整效果如图6-87所示。在Cameras”视图中按Shift+Q，渲染效果如图6-88所示。

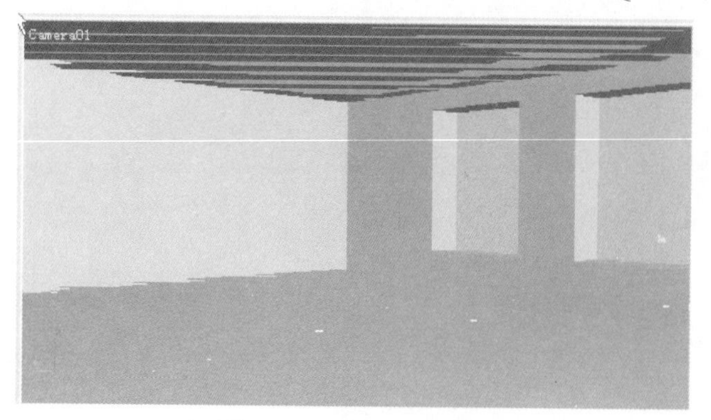

图6-87　Cameras 视图

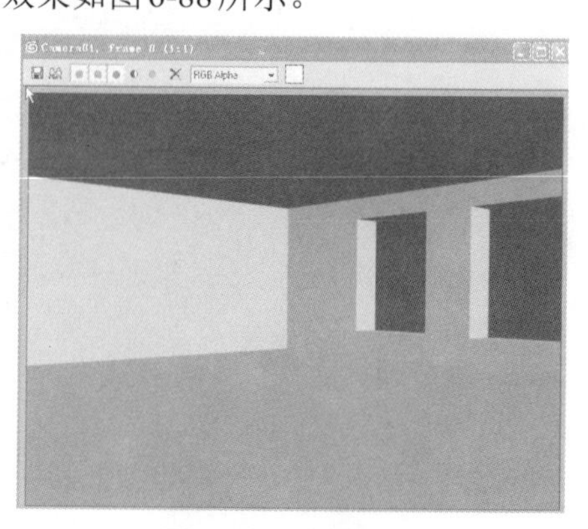

图6-88　渲染效果

步骤八、建立窗框和玻璃。在Left视图中，单击“Create”>“Shapes”>“Rectangle”，创建矩形Length：2100，Width：1500，如图6-89所示。在命令面板“Modify”中，点击“Spline”，同时点击在“Outline”命令，输入“50”，利用命令面板“Modify”中的“Extrude”命令，输入30，命名为窗框1。用“Select and Move”命令，选区“窗框1”，按住“Shift”利用鼠标选区和向上移动“窗框1”到窗口位置，创建3个窗框。在有窗框的墙体上创建一个“Box”效果如图6-90所示。

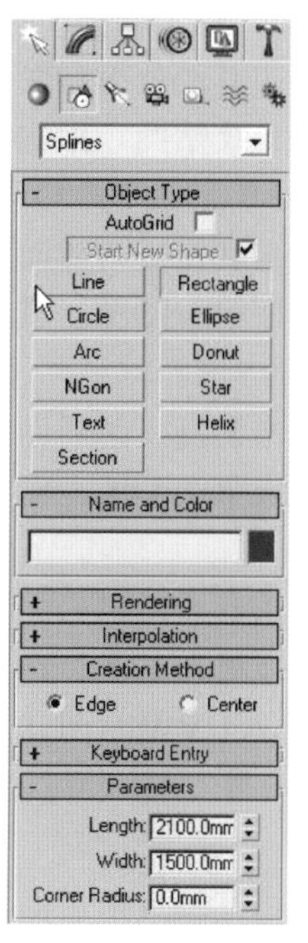

图6-89　绘制矩形

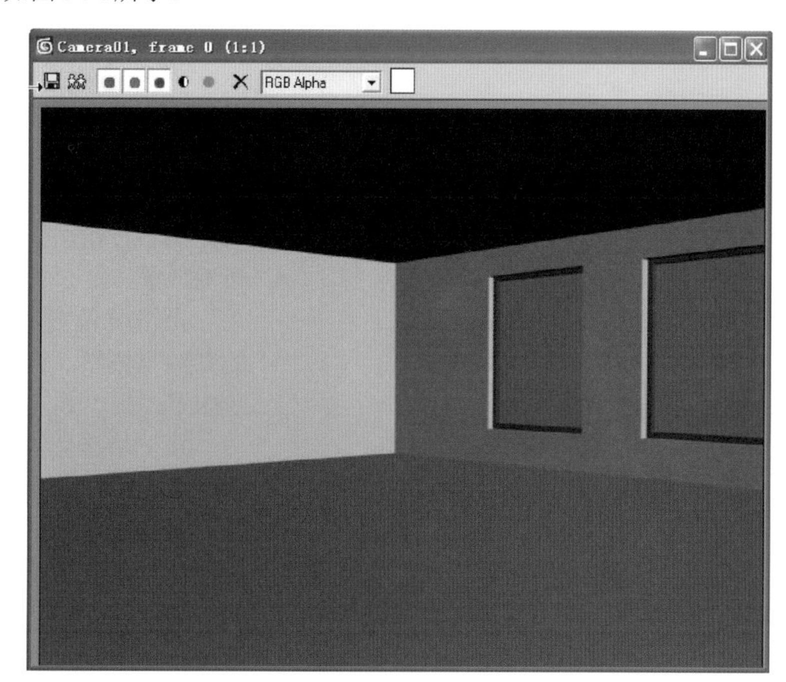

图6-90　创建窗框

步骤九、创建灯光。在命令面板中单击“Lights”>“Omni”，在Top视图中放置在卧室中，在Camera视图中按Shift+Q，渲染效果如图6-91所示。

步骤十、合并模型。室内家具、灯具等可以将现有的场景模型合并进来，方法是选择“File”>“Merge”。合并进来的模型，需要根据角度、比例进行调整。快速渲染后效果调整如图6-92所示。

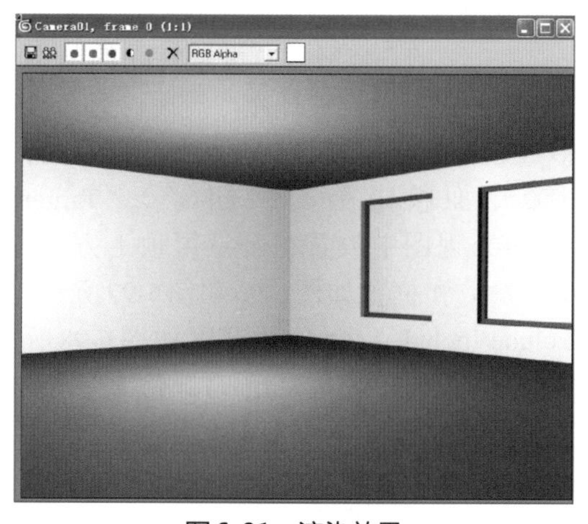

图6-91　渲染效果

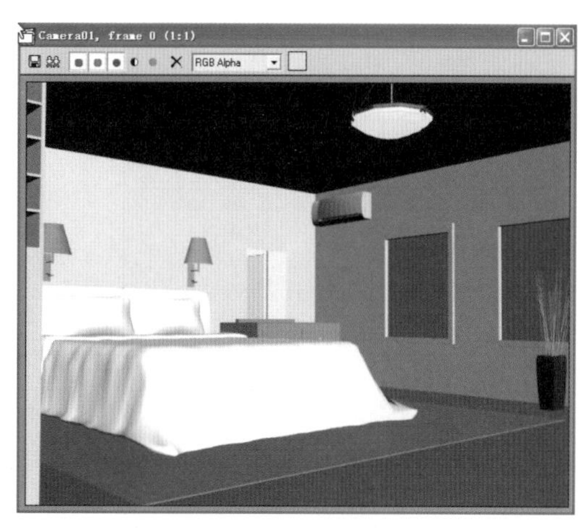

图6-92　合并模型

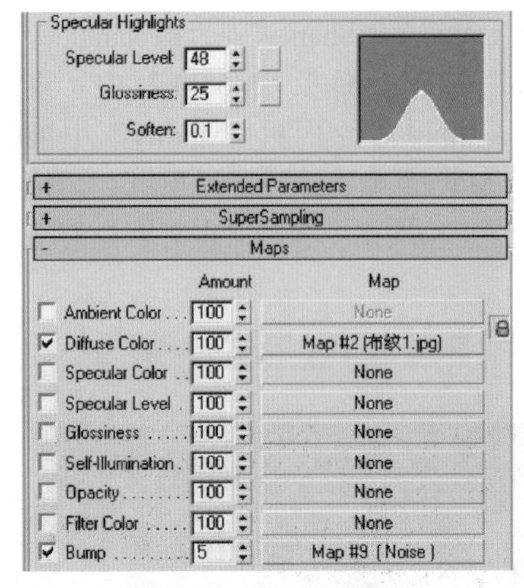

图6-93　地毯材质设置

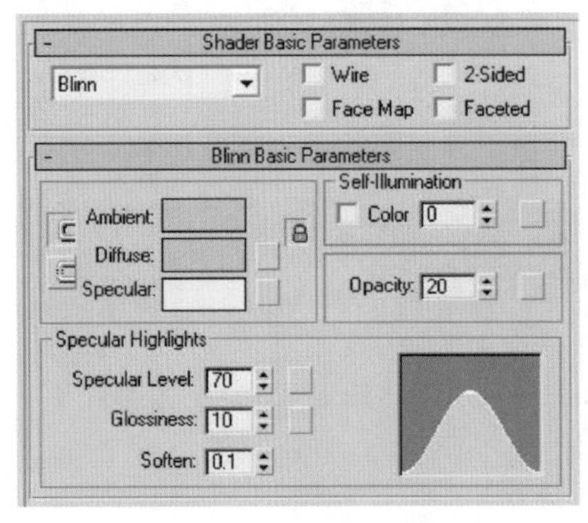

图6-94　窗玻璃材质设置

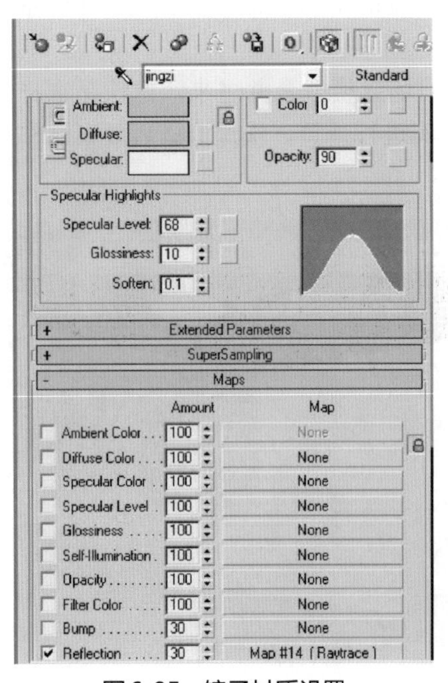

图6-95　镜子材质设置

步骤十一、材质的制作和指定，打开材质编辑器。

① 选择第一个材质球，将其命名为“乳胶漆”。将漫反射颜色和高光反射颜色均修改为白色即可，指定给墙体、天花板、灯带和窗帘盒。

② 选择第二个材质球，将漫反射颜色和高光反射颜色均修改为浅绿色即可，赋予枕头。

③ 选择第三个材质球，单击其漫反射后面的贴图小按钮，为其加入一张布纹贴图。指定给地毯模型。具体设置如图6-93所示。

④ 选择第四个材质球，单击其漫反射后面的贴图小按钮，为其加入一张灯罩布贴图。赋予两灯罩。

⑤ 选择第五个材质球，单击其漫反射后面的贴图小按钮，为其加入一张床罩布贴图。赋予床罩。

⑥ 选择第六个材质球，单击其漫反射后面的贴图小按钮，为其加入一张地板布贴图。在修改命令面板中为地板模型加入UVW贴图修改命令，设定贴图方式为平面，长、宽尺寸为1000mm。

⑦ 选择第七个材质球，单击其漫反射后面的贴图小按钮，选择第三个材质球命名为“玻璃”，指定给窗玻璃。具体设置如图6-94所示。

⑧ 选择第八个材质球，将漫反射颜色和高光反射颜色均修改为浅黄色即可，赋予枕头。

⑨ 选择第九个材质球，单击其漫反射后面的贴图小按钮，选择第三个材质球命名为“镜子”，指定给镜子，具体设置如图6-95所示。

步骤十二、在3ds Max中设置灯光的基本思路是：先为主光源设置灯光，然后再为其模拟反弹、反射光线。下面就先为吊灯设定灯光。

在命令面板中单击“Lights”>“Target spot”，在Top视图中放置在卧室屋顶上方中，具体设置参数和位置如图6-96和图6-97所示。在“Exclude/Include”命令中设置如图6-98所示，在Camera视图中按Shift+Q，渲染效果如图6-99所示。同样再在图形的下方创建一“Target spot”，并在卧室内创建一“Omni”进行补光。

图6-96　Target spot设置参数

图6-97　Target spot的位置

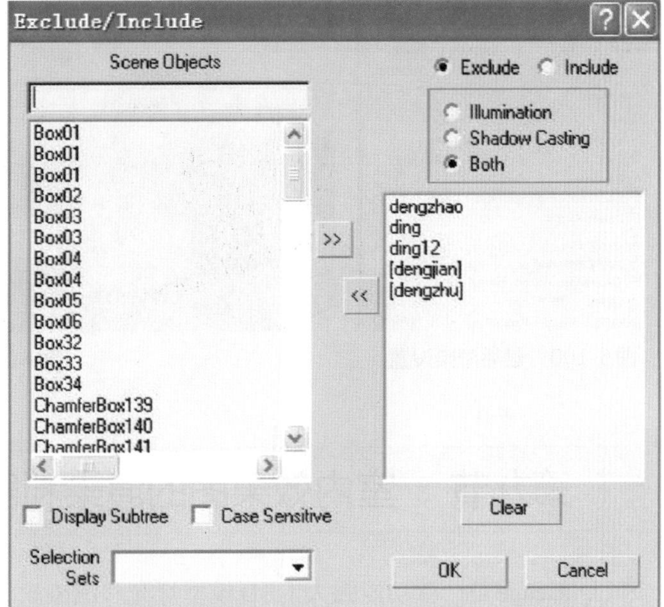

图6-98　Target spot的照射对象设置

图6-99　渲染效果

步骤十三、全部设置完成后，打开“Render Scene Dialog”命令对话框，在“Time Output”“选择“Single”。“Output Size”选择Width：3000，Height：2000其他具体设置如图6-100所示。单击“Render”按钮。开始渲染，最终结果如图6-101所示。

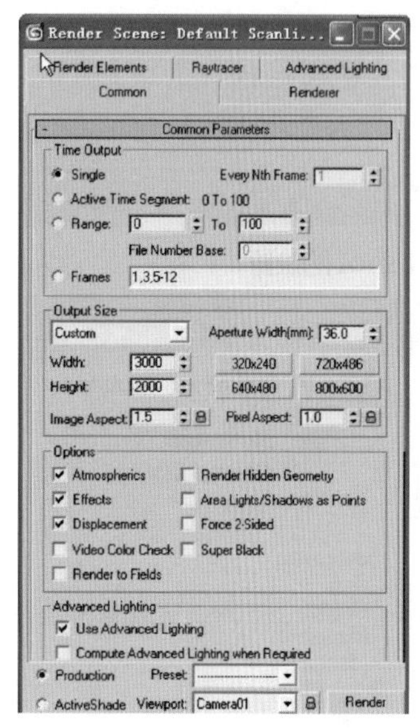

图6-100　最后渲染设置

图6-101　最终结果

第九节　室内效果图的渲染利器——Lightscape

Lightscape是一款功能强大的3D模型灯光和渲染软件，是目前世界上唯一同时拥有光影跟踪、光能传递和全息渲染三大技术的渲染软件，其效果的精确真实和美观程度，至今世界上几乎没有软件可与之比美。

一、逼真细腻的渲染效果

一般渲染软件制作出来的效果图，透视精准可使光影生硬，很难塑造出完美的建筑空间。这因为这些软件依然沿用20世纪90年代初的光线反射折射技术，只计算直接光照却不考虑间接光照与漫反射。例如，屋顶灯能直接照亮地板，却不能通过地板反射间接光线至天花，也不能把光线漫反射至墙面。于是，设计师常常设置辅助光源照亮本来应该亮的表面以接近真实的效果。这需要丰富的光影技巧和长年的制作经验，否则难免留下人工修补的痕迹——这正是大部分的设计高手的长处所在。

光影跟踪技术（Raytrace）使Lightscape能跟踪每一条光线在所有表面的反射与折射，从而解决了间接光照问题；而光能传递技术（Radiosity）把漫射表面反射出来的光能分布到每一个三维实体的各个面上，从而解决了漫反射问题。最后，全息渲染技术把光影跟踪和光能传递的结果叠加在一起，精确地表达出三维模型在真实环境中的实情实景，制作出光照真实、阴影柔和效果细腻的渲染效果图！

二、友好简易的功能

操控Lightscape3.2的特性，除了强大的光照功能外，还离不开其使用友好简易的优势。

1. 兼容性

Lightscape源于美国Autodesk公司多媒体分公司Discreet，所以也兼容Autodesk公司AutoCAD的DWG文件和3D Studio的3DS文件，甚至LIGHTWAVE文件，原格式包含的图块、图层、材质、光源等信息完全保留无需重复设置到Lightscape进行渲染！最新的Lightscpae3.2不仅可以直接输入DWG 3DS和DXF等文件，甚至其软件中包括了针对3D Studio MAX开发的插入模块，应用此模块，3DS MAX的用户可以完成建模、设置好材质光源后直接输出成Lightscape的文件格式，在Lightscape中渲染处理完成后，还可以直接装载到MAX软件中进行强大的动画制作。用户无须在重复处理光能传递和光线追踪的计算。这些功能极大的、方便的MAX用户可进行高性能的光线设置和产生完全真实的光线效果。

2. 操作界面简洁

Lightscape3.2具有强大的功能与体贴友好的版面安排。强大的功能使电脑自动调整各种各样的设计参数以达到最佳效果，而体贴友好的版面安排使使用者看不见不需要的菜单和对话框。Lightscape3.2屏幕主要显示三维透视效果图，余下的屏幕则包含了菜单和工具栏，90%以上的操作只需轻点工具按钮即可。

3. 设计功能灵巧

Lightscape3.2自带世界著名厂商提供的数以千计附有精美的材质纹理的三维模型，其中的灯具更按真实产品配置了光学物理特性。设计师在布置图块、光源时，可在列表中直观地浏览各图块的形状颜色、光源的形状光照，还可旋转缩放这些三维模型进行交互式浏览选择，然后用鼠标直接把目标图块光源拖入模型中。同理，赋材质时也可以把材料从列表或者其他图片浏览软件中直接拖至目标表面上，并可在作图的任何过程中随意更换，随时编辑。

三、不同凡响的渲染速度

以往不少设计师认为，Lightscape很慢，因为Lightscape同其他渲染软件一样，不能运行于硬件配置低的电脑中，否则慢如蜗牛。其实这对Lightscape是十分不公平的，因为这仅仅是对单个功能运行速度的判断。Lightscape3.2不同凡响的快，是从整个效果图创作过程来判断的，这才是真正的快！

使用一般渲染软件，设计师常常在漫长的渲染过程完成后，并不满意当初选择的视角、模型表面材质和光照特征等，但调整任何一项都必须重新进行漫长的渲染，这就浪费了设计师宝贵的时间，所以三维渲染软件都给大家慢的感觉。但是Lightscape把渲染过程分解为光能传递与光影跟踪两部分，在完成光能传递后，直接光照与阴影已经计算完毕得出相应渲染效果。这时候，我们如果修改材质和光照特征设置，全息渲染技术只计算被修改的部分，而无需重新全图渲染。而由于光能传递已经将光能信息储存到每一个三维实体的各个面上，如果我们不满意视角，还可以从任意视角观察透视渲染结果而无需任何计算，甚至可据此制作即时漫游动画！而且，建立在光能传递基础上的光影跟踪非常迅速，设计师无需漫长的等待就能得到高分辨率精细的渲染效果图，甚至可以进行全屏或者局部光影跟踪，预览即将生成的渲染效果图，整个过程不到一分钟！这些功能需要不断优化效果图、或者需要制作多幅不同视角效果图的设计师大大减少工作时间，提高设计效率，也就使Lightscape不同凡响的快。

四、使用Lightscape前的准备工作

1. 前期准备

主要工作内容是输入模型或者打开已经生成的模型文件，设定材质，设定灯光，设定物体表面参数等，这部分工作内容将被保存为.lp文件格式。

输入模型或者打开已经生成的模型文件是指从其他的建模软件中导入模型文件，Lightscape可以导入3DS、DWG、DXF、Lightwave的模型文件，也可以使用在3ds Max中建立并转换生成的.lp文件。

设定材质是指定或者编辑物体表面材质的工作。Lightscape提供模板式的材质编辑工具，使软件使用者很方便地制作出质感逼真的材质效果。Lightscape也提供了设置物体表面贴图纹理坐标的工具，但是一般情况下建议在3ds Max中将贴图纹理坐标调整好后再输出到Lightscape中。

设定灯光是指设定场景内的灯光照度，以及灯光的位移、旋转、复制编辑等工作。另外，还可以将场景内的图块定义为光源。

设定物体表面参数是指编辑和设定物体表面的属性来使其符合光能传递计算的要求。这项操作可以确定物体表面是否产生投影、是否接受光照、是否产生光照等属性，也可确定是否让阳光穿过为一个窗口或者洞口来对室内照射，同时还可以对该表面设置网格细分精度以确定表面最终的光照效果以及场景中网格细分的数量。

2. Lightscape的设置

设置光能传递处理参数是指设定光能处理的精度等级，其中包括整体表面网格细分的程度和光照投影的精度，另外还可以设定日光的照射类型。这个参数设置的等级高低对计算量和计算时间有直接的影响。系统将会按照这些参数来进行光能传递的计算。

3. Lightscape的输出

Lightscape可以输出一个静帧，也可以输出动画文件或者虚拟现实文件。

Lightscape输出的静帧文件有多种格式，另外对不同的视角渲染系统还提供了视图文件列表的功能，可以将一个或者多个不同的视角进行一次性渲染。

Lightscape输出的动画文件实际上是一个格式的文件序列。一般情况下，为了满足视频编辑的需要将文件序列的格式设置为.TGA。

Lightscape可以输出全景漫游格式的图形文件或者是Vrml文件。另外，Mesh To Texture可以将表面网格进行完光能传递计算之后的结果渲染为纹理，然后重新赋予表面网格，这样做可以使得场景不需要计算光能传递也可以得到类似的效果。另外还可以减少不必要的表面，这个功能主要是为3D游戏的场景或者是虚拟现实的场景文件而研发的，因为这些项目要求多边形的面数要尽量少以提高显示硬件的处理速度，以满足绝大多数计算机的使用要求。可以通过操作来区分不同的工作阶段：场景初始化（场景中光能量归零）之前属于准备阶段，这个部分将被保存为.lp格式的Lightscape准备文件；而在场景初始化之后则属于求解阶段，这个部分将被保存为.ls文件。Lightscape的计算元素是面。这是因为只有将光能分

布在物体表面上才能产生光能的折射，形成对周围其他物体的间接照明，也就是光能传递。这种现象在现实世界中是真实存在的。Lightscape就是为了模拟这种现象而提供了这套光照系统。

目前有许多专业渲染程序能够提供非常完美逼真的表现效果，它们都是很优秀的渲染工具，并且提供了很多Lightscape所没有的功能，它们所提供的核心算法是全局照明，与光能传递的算法有着本质的不同，而且最终的光照效果也完全不同。但是Lightscape对光域网的应用将自身准确地定义为建筑行业的专业渲染器，因为只有光域网才能真正体现出建筑装饰行业对人工光照的标准。而其他渲染工具完全是针对CG行业开发的，相对于出建筑装饰表现这个特殊的CG分支来讲专业性略显不足。

现在，我们将Lightscape作为最重要的光照和渲染工具，因为它最终的光照效果是独一无二的，如图6-102 Lightscape的界面。

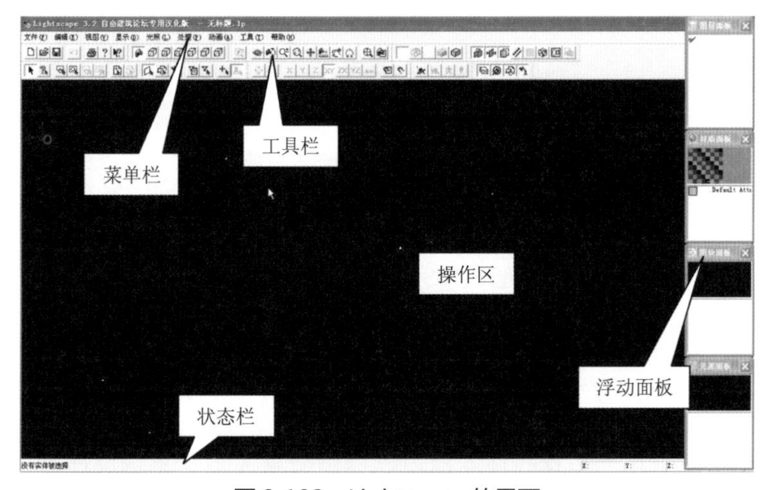

图6-102　Lightscape的界面

（1）工具栏　为了方便地操作文件而在图形界面中设置的快捷按钮，提供文件的基本操作功能。同时能提供对表面、图块和灯光的选择工具；另外还提供了查询选择工具栏、过滤器选择工具、范围选择工具、多选工具等。提供有对选择视窗投影模式的工具，其中包括投影机视图、顶视图、底视图、左视图、右视图、前视图、后视图。

（2）菜单栏　Lightscape的顶行菜单中有File(文件)、Edit（编辑）、View(视图)、Display(显示)、Light(光照)、Process（处理）、Animation（动画）、Tools(工具)、Help（帮助）9项菜单。特别讲一下Light(光照)菜单。

① 日光。选择此项会调出日光设置面板，日光提供了系统的日光设置工具，可以根据模型所处的地理位置、时区、时间来确定日光的照度和入射角度，还可以使用坐标方式直接确定日光的照度和入射角度。日光是Lightscape的重点照明工具之一。Lightscape提供了非常优秀的日光光照系统。在软件中，日光的设置非常简单，并且提供了两种不同的设置方法。第一，通过设置地区、时区和时间来完成对日光的设置。第二，直接指定日光的照射方向和照射强度。另外，系统还提供了天气情况的设置，也就是说将晴天或者多云天气的效果考虑进来了。

a. 日光系统里包含两种光照：阳光和天空光。其中阳光是由太阳直接照射所产生的效果，和其他三维软件相同，阳光的照射类型被模拟成平行光源。

对于天空光可以这样理解：天空光不是由阳光直接照射产生的，而是外界环境中间接光的模拟，受阳光照射角度、云层、空气、地理环境和室外环境的影响，属于非直接照明。它的照射类型模拟漫射为光源。

b. 在顶行菜单中依次选择灯光/日光，可以调出日光设置面板，这是按照通过设置地区、时区和时间来完成对日光设置的编辑面板，在面板上方有四个选项卡，它们分别是"阳光和天空光"、"处理"、"地理位置"、"时间"。

c. 图6-103是直接控制阳光入射角度和强度的编辑面板，这两种设置的切换方式是单击面板左下角的直接控制前面的复选框。选择了该选项后编辑面板将切换为只有三个选项卡的界面，它们分别是"太阳和天空"、"处理"、"直接控制"。

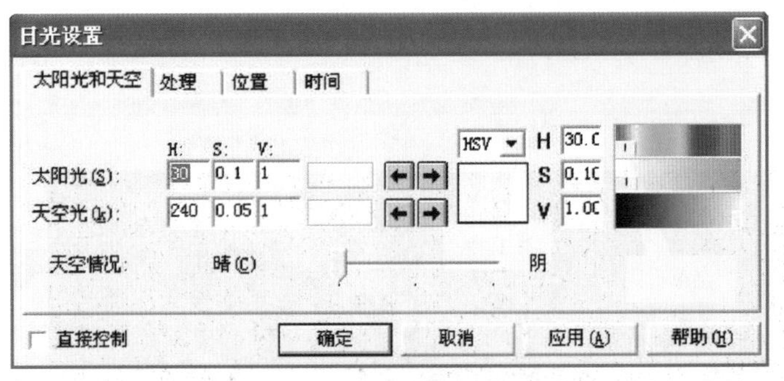

图6-103　日光设置界面

② 照度分析：选择此项时会调出照度分析面板。提供了针对完成了光能传递计算的场景及物体表面以及某一点的光照统计分析工具。

③ 光域网：光域网的使用是Lightscape符合照明工业标准的因素之一，系统提供了针对光域网的编辑和建立工具。选择此项会调出光域网编辑面板。光域网的使用和编辑对操作Lightscape十分重要。如图6-104所示。

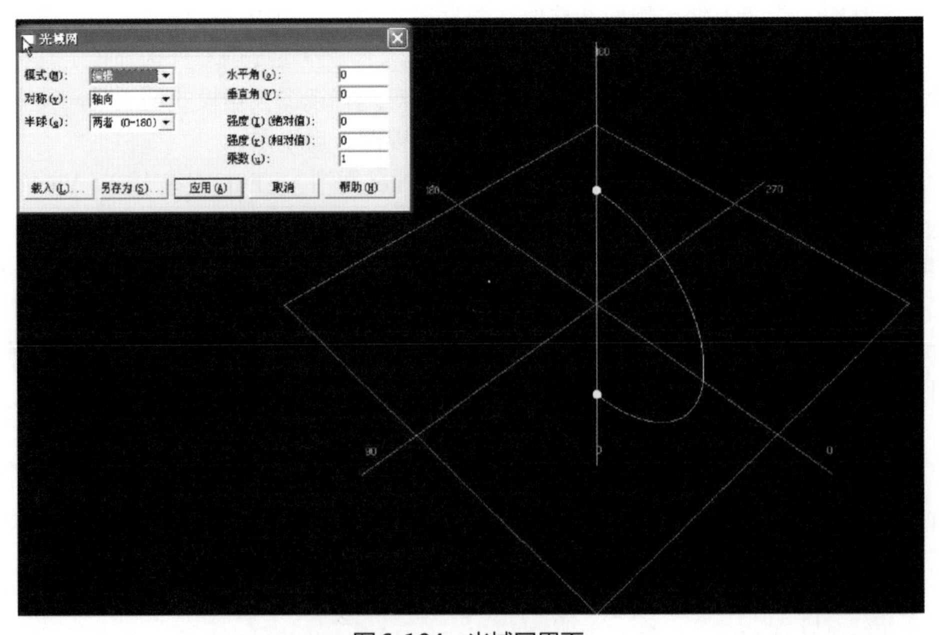

图6-104　光域网界面

（3）光能传递处理　在Lightscape中，光能传递处理是由一套处理参数来控制的，设计这个向导是用来自动设置所需要的处理参数，使得模型得到最佳的光能传递效果。系统还提供了一套简单的方式来进行设置，单击向导按钮就会调出一系列的对话框，首先调出的是渲染设置面板，如图6-105所示。在下半部分，系统列出了5个等级，最左边的1是最低品质的设置等级，系统给出了一个说明：低品质（需要较少的时间和内存）；最右边的5是最高品质的设置等级，系统给出的说明是：高品质（需要更多时间和内存）。系统提供的默认等级是3。这说明越优秀的品质需要越高的等级，在时间和系统资源上也要付出更多的代价。

在渲染品质设置面板中单击“下一步”按钮，弹出日光设置面板，如图6-106所示。

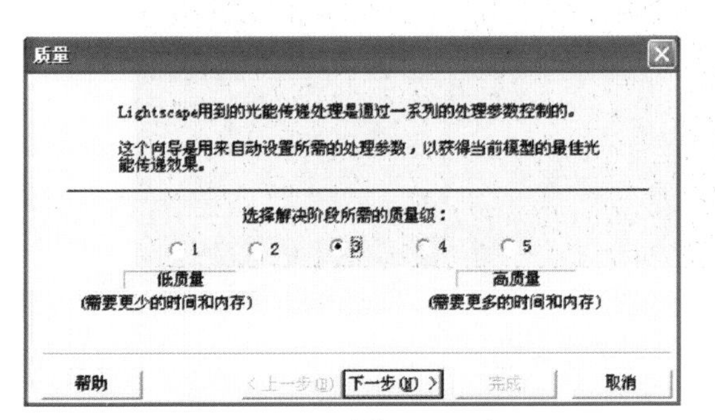

图6-105　渲染设置面板

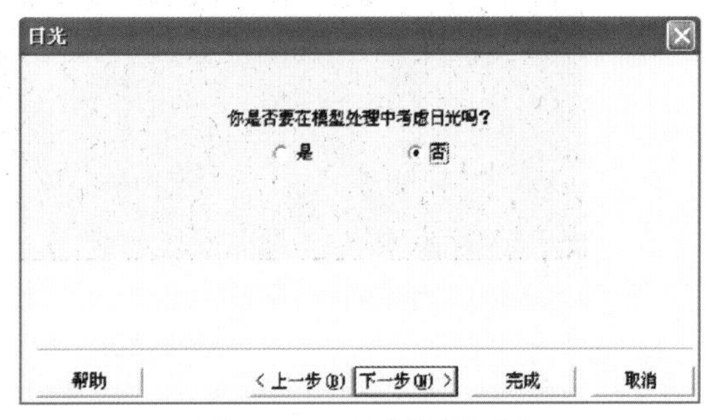

图6-106　日光设置面板

同时Lightscape提供了以下几个种类的灯具：D65白、荧光灯、冷白灯、白色荧光灯、日光灯、白炽灯、氙灯、卤素灯、石英灯、金属卤化物、水银灯、磷光水银灯、高压钠灯、低压钠灯。虽然以上种类灯具的光谱特性不同，但绝大部分情况下只需要系统提供的默认灯型就可以达到很好的效果。

颜色过滤器：在现实世界中灯光可能会发出各种不同颜色的光，所以对光源颜色的设置是必要的。软件中灯光的颜色有两种定义方式：HSV模式和RGB模式，因为在Lightscape最后的输出效果中很难看出这两种模式的差别，所以一般情况下只采用系统默认的HSV模式来调整灯光的颜色。

五、案例分析

为了能够对Lightscape有更深入的了解，现在以Lightscape自身所带的图进行编辑，对Lightscape进行讲解。

步骤一、打开Lightscape。单击文件>打开，找到LESSON1>GALLERY.LP文件，如图6-107所示，并打开并单击轮廓显示按钮，如图6-108所示。

步骤二、单击显示选项控制工具组纹理显示开关按钮，观察场景中的纹理贴图，单击材质面板按钮，利用查询按钮对场景中没有显示的物质材质进行相对应的材质调制，如图6-109所示。

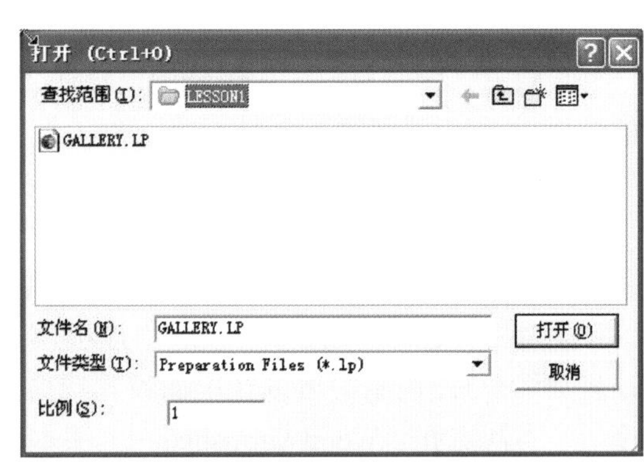

图6-107　GALLERY.LP文件

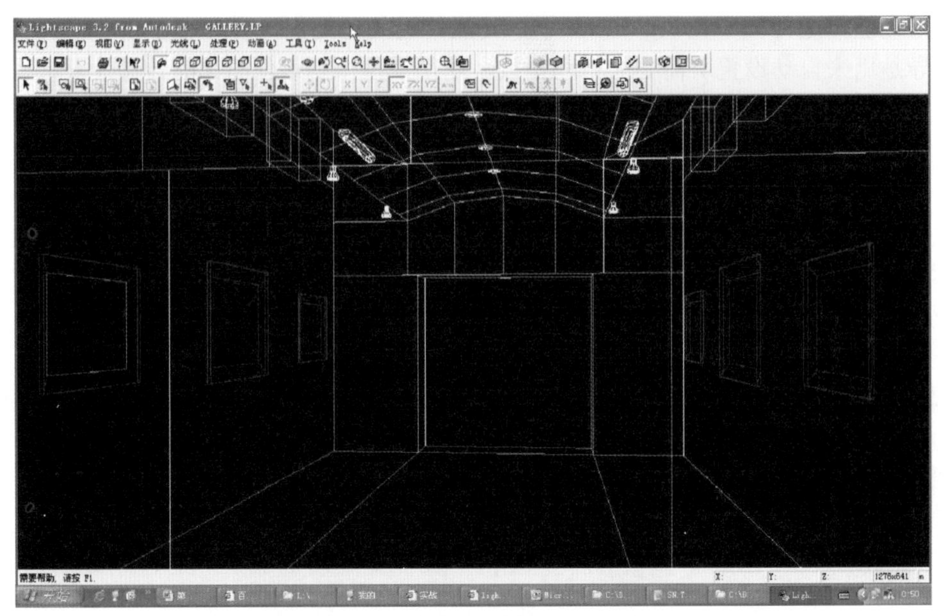

图6-108　打开GALLERY.LP文件

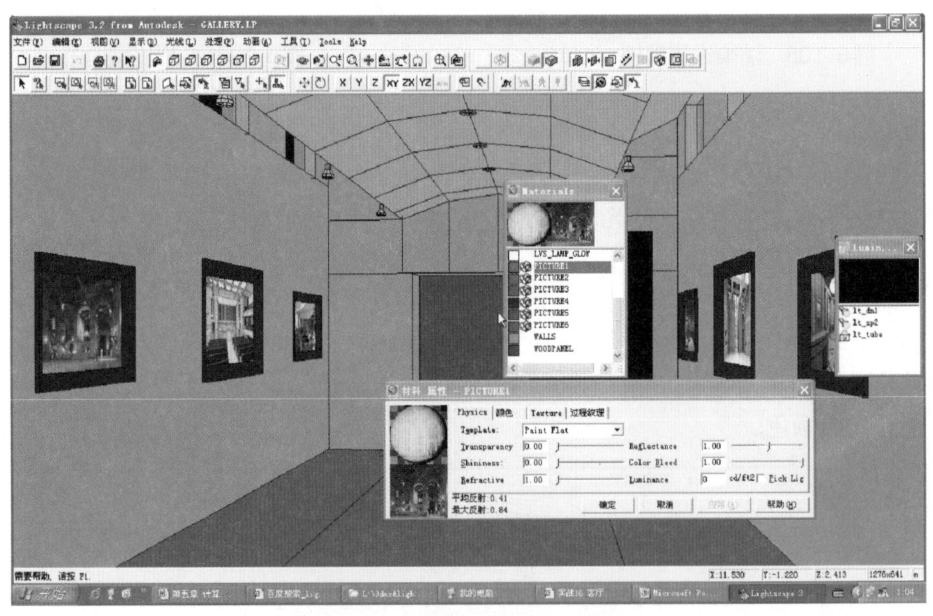

图6-109　观察场景中的纹理贴图

步骤三、定义材料。运用精确地算法来计算模型中的材料表面的光照特征，已达到真实的效果。

① 材料的定义。打开工具栏中的 按钮，出现材料编辑器，打开它。如图6-110所示。

② 在材料编辑器列表中单击右键，弹性出对话框，选择“新建”按钮，自动会在列表中添加了一种叫“Item17”的材质加入到列表中，呈现蓝色显示。如图6-111所示。

③ 将“Item17”的材质改成“地板”后，并双击其鼠标，弹出“材料属性”对话框。设置如图6-112所示，可以在里面设置透明度、光亮度、折射率、反射率、色彩混合、光照度等。再次选择“Wood Varnished（上漆木材）”模版进行调整。

④ 选择“颜色“按钮，如图6-113所示。对颜色进行调整。

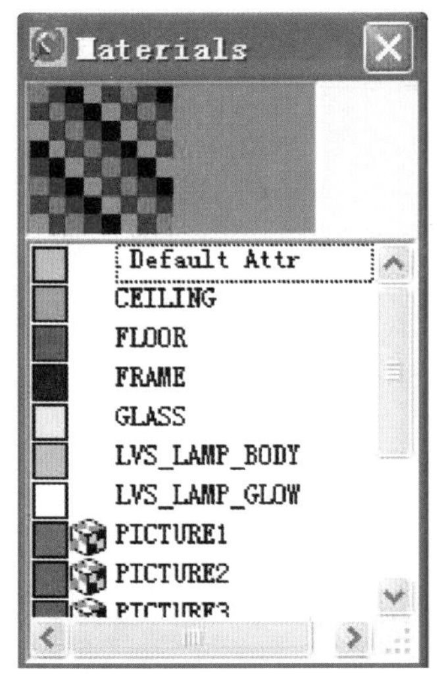

图6-110　材料编辑器

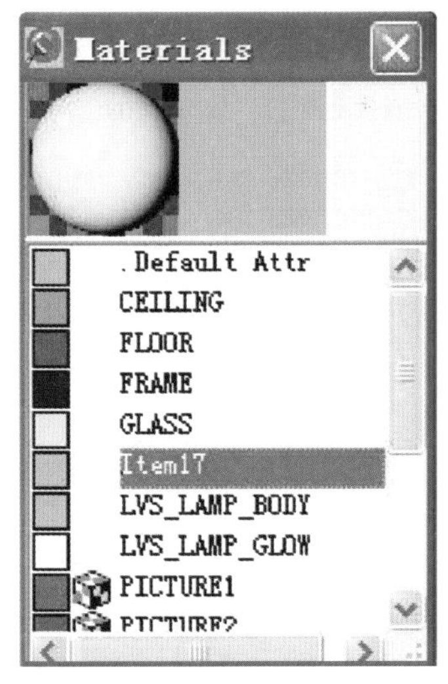

图6-111　“Item17”的材质

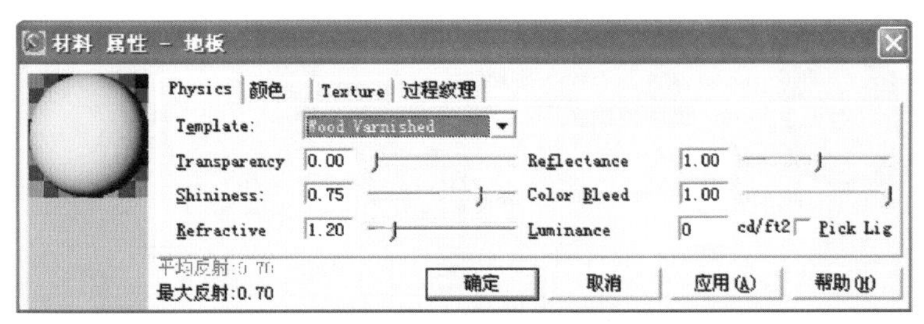

图6-112　地板的材质属性

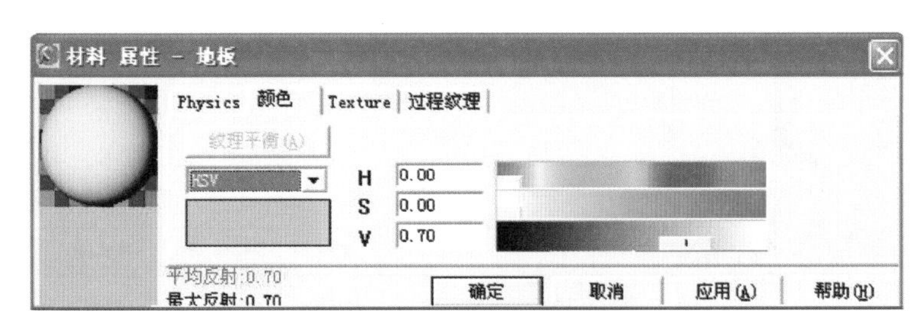

图6-113　颜色的属性

⑤ 选择“Texture”按钮，单击“Browse”按钮，在弹出的窗框中找到如图6-114所示的woodfloor.jpg文件，并打开如图6-115所示。然后打开单击“颜色“按钮，点击“纹理平衡”按钮。

⑥ 单击“过程纹理”出现如图6-116所示的界面，设置凹凸映射和强度映射贴图。

⑦ 设置完后单击应用，再点击确定关闭材料属性编辑器。

⑧ 把刚才调好的“地板”材质赋给地面。

依次单击 后，用鼠标在图中点取地板面，然后单击鼠标右键，弹出对话框，点击“贴材质”菜单。如图6-117所示。出现“分配材质”窗口，如图6-118所示，选择“地板”点击确定。

⑨ 单击显示纹理按钮，将地板材质载入到地板上。如图6-119所示。同样的方法设置其他材质。

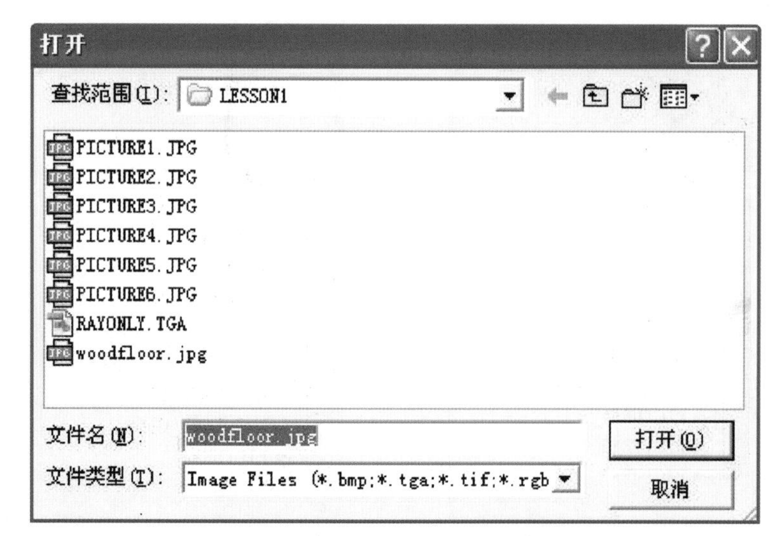

图6-114　找到woodfloor.jpg文件

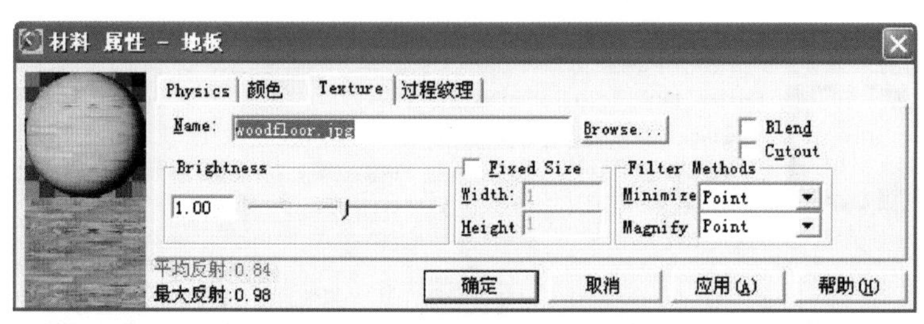

图6-115　“Texture”编辑器

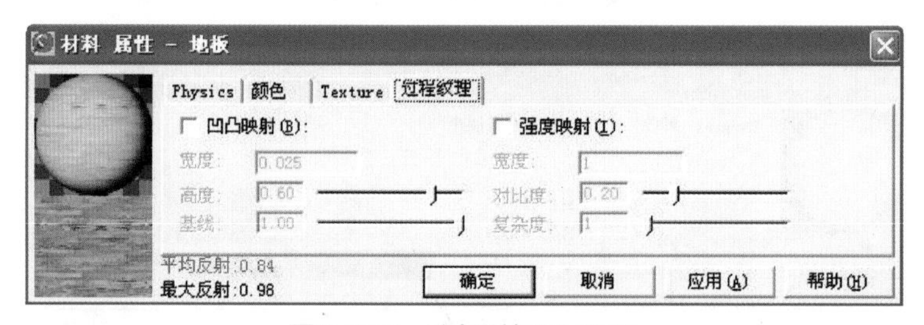

图6-116　“过程纹理”界面

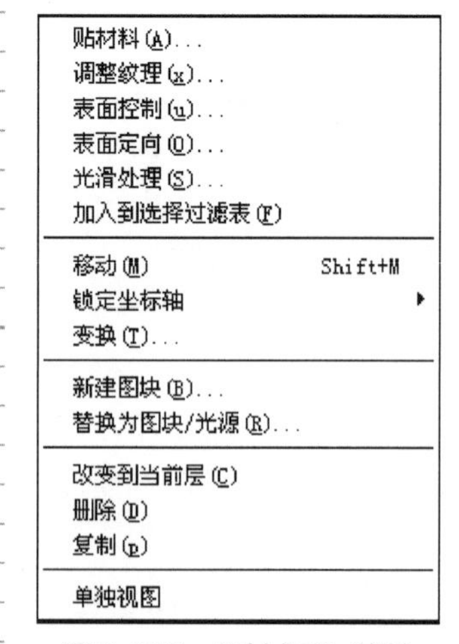

图6-117　“贴材质”菜单

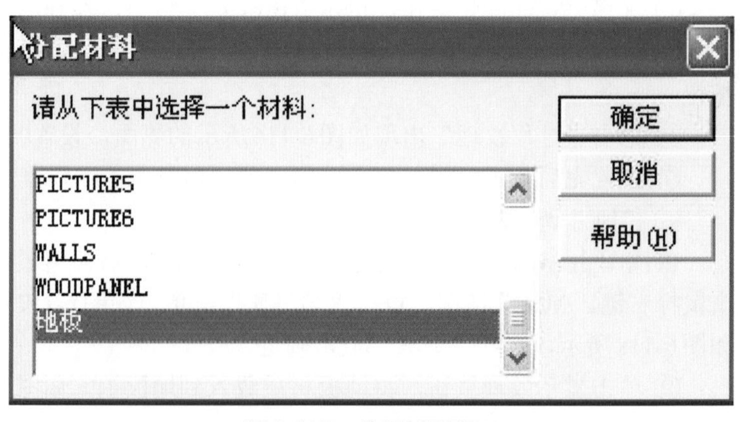

图6-118　分配材质窗口

图6-119　赋予材质之后的地板

步骤四、调整光源。

① 选择菜单的光源，或者单击工具栏中的 按钮，出现光源编辑器，如图6-120所示。选择其中任意光源，点击右键弹出对话框，如图6-121所示，选择查询实例。

② 调整光源。单击工具栏中的 按钮，出现光源编辑器，选取“It_sp2”灯，在图中任选“It_sp2”灯中的一盏，再单击右键，弹出菜单，如图6-122所示。

③ 选择“变换”命令，弹出“变换”菜单，如图6-123所示。单击“方向”标签，选择“点取”在屏幕上把选区的第一盏灯，向对应的那幅画中心点取，出现如图6-124所示。

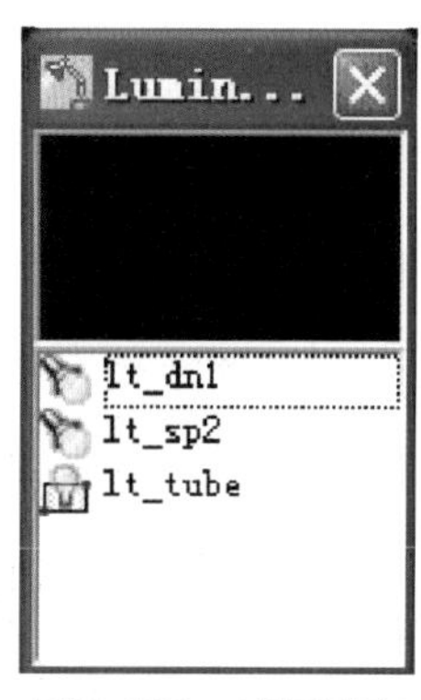

图6-120　光源列表

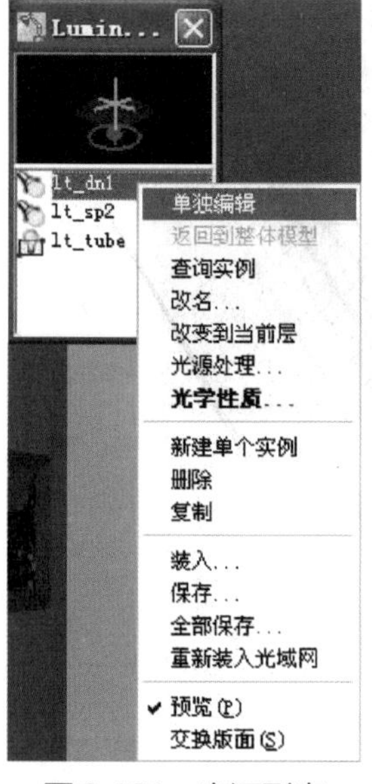

图6-121　光源列表

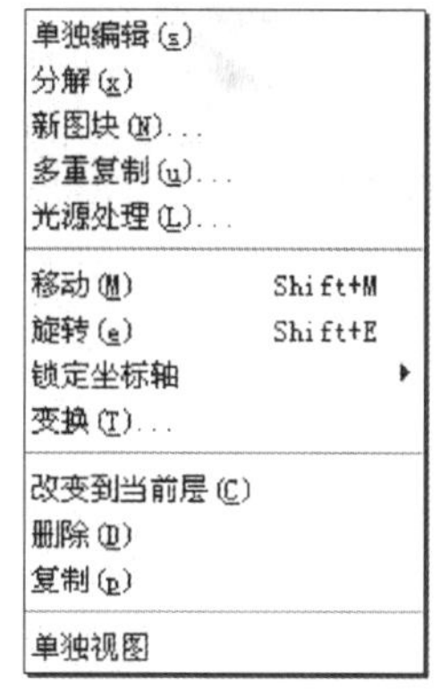

图6-122　光源编辑菜单

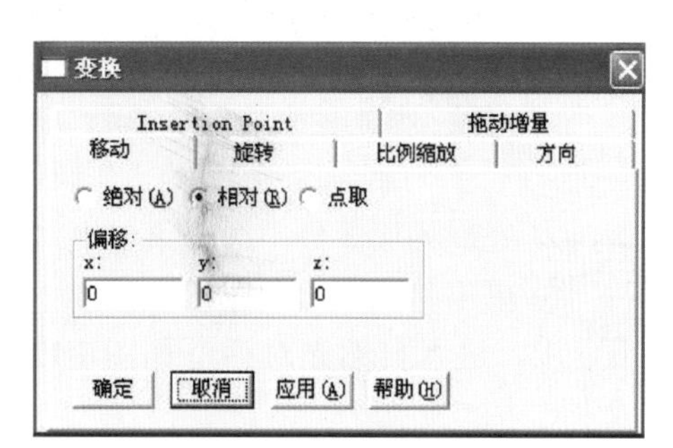

图6-123　“变换”菜单

图6-124　灯点取后的效果

④ 按照上述方法将所有的"It-sp2"灯分别向他所对应的画中心点取，注意：定位完一个后，取消"点取"命令，重新选定光源，再选中"点取"命令进行定向。

步骤五、光能传递。

① 初始化模型。要进行光能传递，必须将模型全部初始化为网格多边形。按下按钮，Lightscape会提示是否"保存"，点击"否"。如图6-125所示。

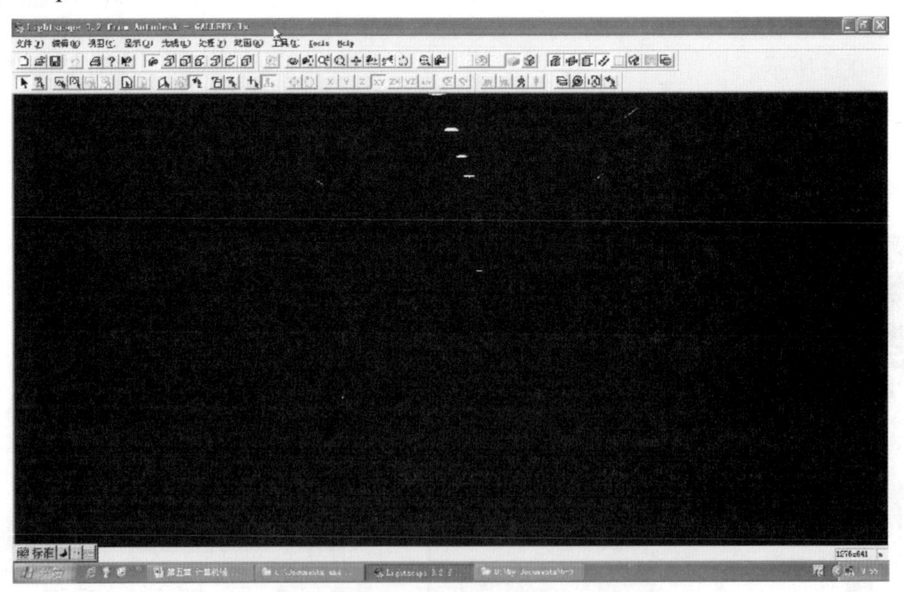

图6-125　初始化后的效果

② 处理各项参数。选择菜单中"处理">"参数"弹出对话框。如图6-126所示。

③ 单击"Wizard"按钮，弹出"质量控制"对话框，如图6-127所示。选中3级。单击下一步，进入自然光对话框如图6-128所示，选择"要"。单击下一步，弹出"向导工作完成"对话框。

④ 单击"完成"按钮。关闭对话框。

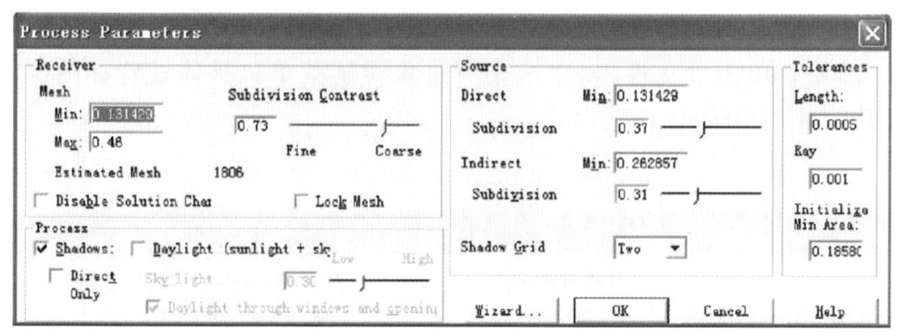

图6-126 “参数”对话框

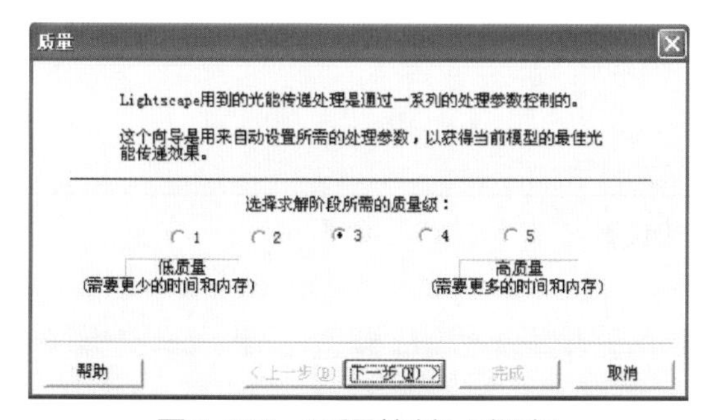

图6-127 “质量控制”对话框

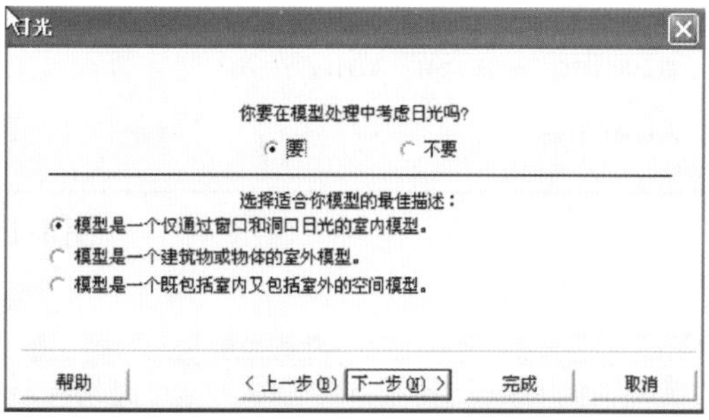

图6-128 “自然光”对话框

步骤六、进行光能传递。

选择菜单中“处理”>“处理”，开始进行光能传递。效果如图6-129所示。

图6-129 光能传递效果

步骤七、后期调整。

① 根据传递后的结果看，效果图有些亮，需要将自然光关闭。仍然是和上面设置光能传递参数一样步骤，只是将图6-128中的设置改为“不要”即可。

② 对材质和光源进行调整。

步骤八、渲染。单击“文件”>“渲染”进入设置菜单。具体设置如图6-130所示。最终渲染结果如图6-131所示。

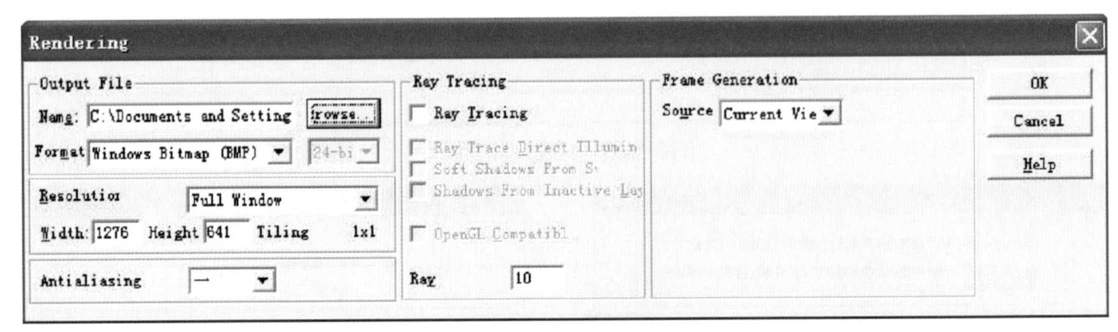

图6-130　渲染设置

图6-131　最终渲染效果

六、电脑效果图的后期处理

制作效果图的人都知道，在3ds Max中，我们使用矢量方法创建的三维模型后，将以位图形式输出。从图像的实用性角度来看3ds Max制作渲染出的图像并不成熟。与周围环境相差很大，所以在3ds Max制作渲染后用Lightscape渲染后，还需要用里一个Photoshop软件来进一步处理。

使用Photoshop软件，可以为Max软件输出的效果图进行配景和对色调、明度、亮度等进行修改调整，可以运用相应的工具或命令比较轻松快捷地表现出细腻、自然的效果，还可以轻松地调整画面的整体色调，把握画面的空间环境的协调型。

案例实战：

根据图6-132所示，绘制此效果图。

图6-132　范例制作/王公民

本章练习题

1. 简要说明AutoCAD软件在绘制平面图、立面图、施工图的中应该注意的细节。
2. 利用所学习软件绘制一家庭起居室的平、立面以及效果图，建议A3纸彩色打印。

第七章　作品欣赏

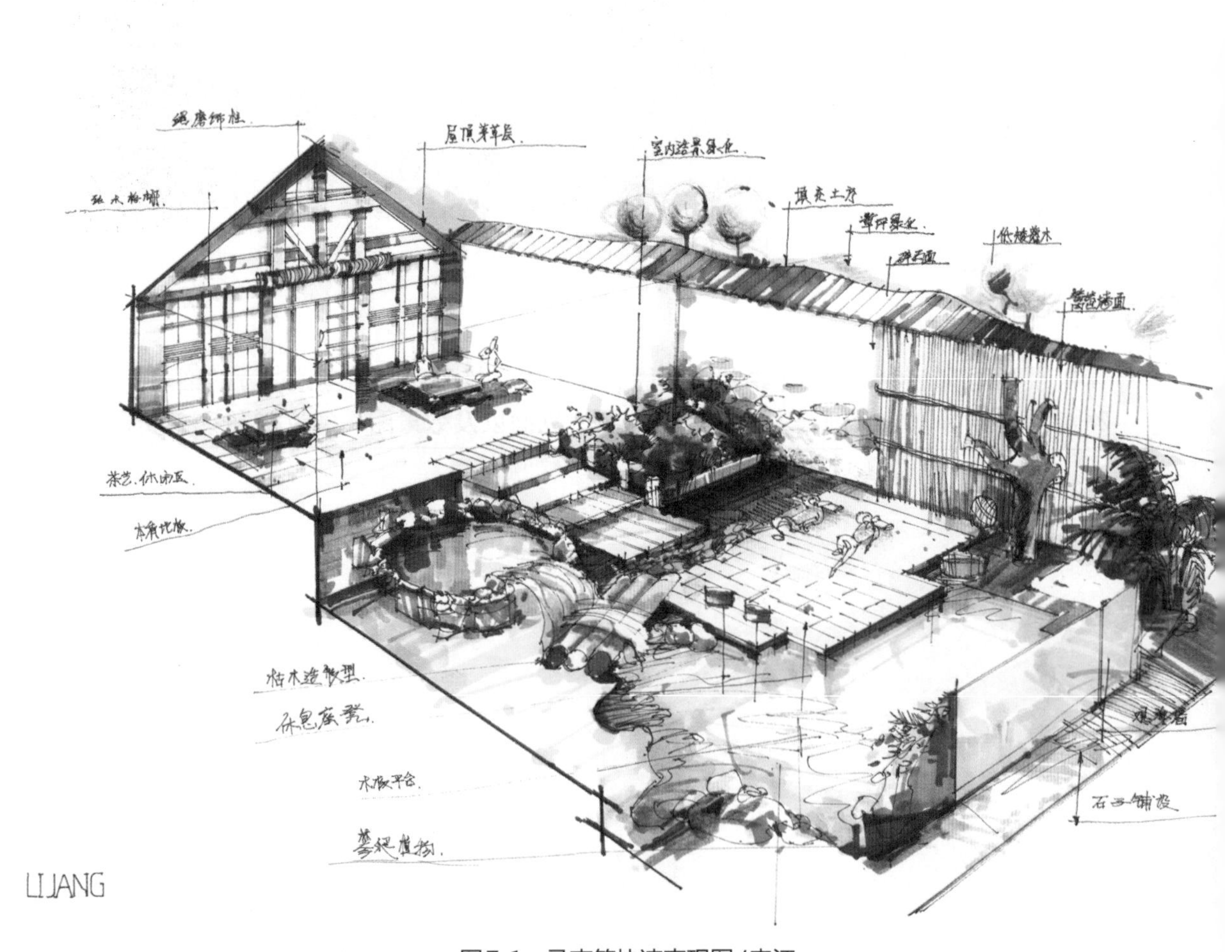

图7-1　马克笔快速表现图/李江

图7-2　马克笔快速表现图/李江

图7-3　马克笔、水彩肌理表现/李江

图7-4　马克笔室内效果表现/李江

图7-5　室内马克笔快速表现/沙沛

图7-6　外环境马克笔快速表现/沙沛

图7-7　别墅区一角马克笔快速表现/沙沛

图7-8　校区景观马克笔快速表现/沙沛

图7-9　室内景观马克笔快速表现/沙沛

图7-10　某酒吧室内马克笔快速表现/沙沛

图7-11　某商业空间马克笔快速表现/沙沛

图7-12　电脑室内设计表现图/王公民

图7-13　卫生间设计方案/潘景果　何昭

图7-14　卧室设计方案/潘景果　何昭

图7-15　某证券营业厅办公室设计方案/何昭　潘景果

图7-16　某宾馆大厅设计方案/潘景果 何昭

图7-17　某酒店豪华包间设计方案/潘景果 何昭

图7-18　某酒店豪华包间设计方案/潘景果　何昭

图7-19　董事长接待室设计方案/潘景果　何昭

参考文献

[1] 姜立善，李梅红. 室内设计手绘表现技法. 北京：中国水利水电出版社，2007.

[2] 史进，白晓曼. 室内设计表现技法. 合肥：合肥工业大学出版社，2006.

[3] 丁斌. 室内设计表现技法. 上海：上海人民美术出版社，2008.

[4] 郑中华. 室内设计表现技法. 北京：高等教育出版社，2003.

[5] 陈新生，班石，李洋. 建筑快速表现技法. 北京：清华大学出版社，2007.

[6] 马克辛. 诠释手绘设计表现. 北京：中国建筑工业出版社，2006.

[7] 赵国斌，赵志君. 室内设计手绘效果图. 沈阳：辽宁美术出版社，2005.

[8] 马克辛，吴成槐. 环境艺术设计手册. 沈阳：辽宁美术出版社，1999.

[9] 张克非，俞虹. 破译效果图表现技法. 沈阳：辽宁美术出版社，1999.

[10] 高光，廉久伟. 居住空间设计. 沈阳：辽宁美术出版社，2008.

[11] 童鹤龄. 建筑渲染. 北京：中国建筑工业出版社，1998.

[12] 黑尔格·博芬格·沃尔夫冈·福格特. 赫尔穆特·雅各比·建筑绘画大师. 大连：大连理工大学出版社，2003.

[13]【美】达克·E·达里. 美国建筑效果图绘制教程. 王毅，王昊译. 上海：上海人民美术出版社，2008.

[14] 张汉平，种付彬，沙沛. 设计与表达. 北京：中国计划出版社，2004.

[15] 徐敬谦. Autocad2005中文版建筑制图基础教程. 北京：机械工业出版社，2005.

[16] 李秀娟. Autocad建筑制图精品教程. 北京：北京艺术与科学电子出版社，2008.

[17] 徐开秋. 3dsMax & Lightscape软件实用教程. 上海：东方出版中心，2008.

[18] 祝磊. Lightscape3.2入门实用宝典. 北京：人民邮电出版社，2001.

[19] 郭光编. PhotoshopCS3标准教程. 北京：中国青年出版社，2008.

[20] 王丽颖. 装饰效果图表现技法. 北京：中国建筑工业出版社，2000.